让地球呼吸的风

[韩] 郑昌勋 著 [韩] 金真华 绘 程金萍 译

中信出版集团 | 北京

图书在版编目（CIP）数据

让地球呼吸的风 /（韩）郑昌勋著 ;（韩）金真华绘 ;
程金萍译 . -- 北京 : 中信出版社 , 2023.5
（讲给孩子的基础科学）
ISBN 978-7-5217-5243-4

Ⅰ . ①让… Ⅱ . ①郑… ②金… ③程… Ⅲ . ①风–儿
童读物 Ⅳ . ① P425-49

中国国家版本馆 CIP 数据核字 (2023) 第 021909 号

让地球呼吸的风
（讲给孩子的基础科学）

著　　者：［韩］郑昌勋
绘　　者：［韩］金真华
译　　者：程金萍
出版发行：中信出版集团股份有限公司
（北京市朝阳区东三环北路 27 号嘉铭中心　邮编　100020）
承 印 者：北京瑞禾彩色印刷有限公司

开　　本：889mm × 1194mm　1/24　　印　　张：48　　字　　数：1558 千字
版　　次：2023 年 5 月第 1 版　　印　　次：2023 年 5 月第 1 次印刷
京权图字：01-2022-4476
审 图 号：GS 京（2022）1425 号（本书插图系原书插图）
书　　号：ISBN 978-7-5217-5243-4
定　　价：218.00 元（全 11 册）

出　　品：中信儿童书店
图书策划：火麒麟
策划编辑：范萍　王平
责任编辑：曹威
营销编辑：杨扬
美术编辑：李然
内文排版：柒拾叁号工作室

风从哪儿来？

风是如何产生的？

风能做些什么？

今天，

小风“呼呼”将为您揭秘风的真面目，

顺便为您讲解风带来的影响……

目录

风是什么？

你们好吗？风朋友们

忙碌的风

风生气了

如果地球上

风

赤道地区会更加炎热。

阳光让地球变得温暖，尤其是赤道地区被晒得非常热。

风会将赤道地区的热量转移到地球的其他地方。

如果地球上没有了风，那炎热的气流便无法分散，

使得热的地方更热，而冷的地方也会更加寒冷。

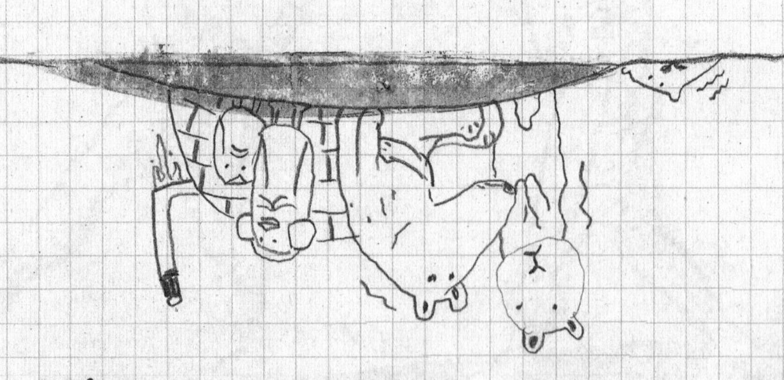

极地地区会更加寒冷。

沙漠的秀丽风光将不复存在。

纹理像蛇一样蜿蜒的沙地、月牙状的庞大沙丘、蘑菇状或拱门状的石头，这些美丽的沙漠风光全都是风的杰作。人类要想自己在沙漠里制作这样的石头和沙丘，需要花费大量的人力和时间，要用锤子和钎子凿来凿去，还要装运大量的沙子……

阿嚏！
咳咳咳！
臭氧预警
呼吸道疾病预警

城市里的人都会得呼吸道疾病。

嗡嗡嗡——嘀嘀嘀嘀——送比萨的摩托车从人们身边经过时，刺鼻的气味扑面而来。路边如果全都是小汽车，人们会感觉嗓子火辣辣的。摩托车和汽车的尾气让空气变得很脏。如果没有了风，城市里就会弥漫着各种尾气，说不定人类都会患呼吸道疾病。

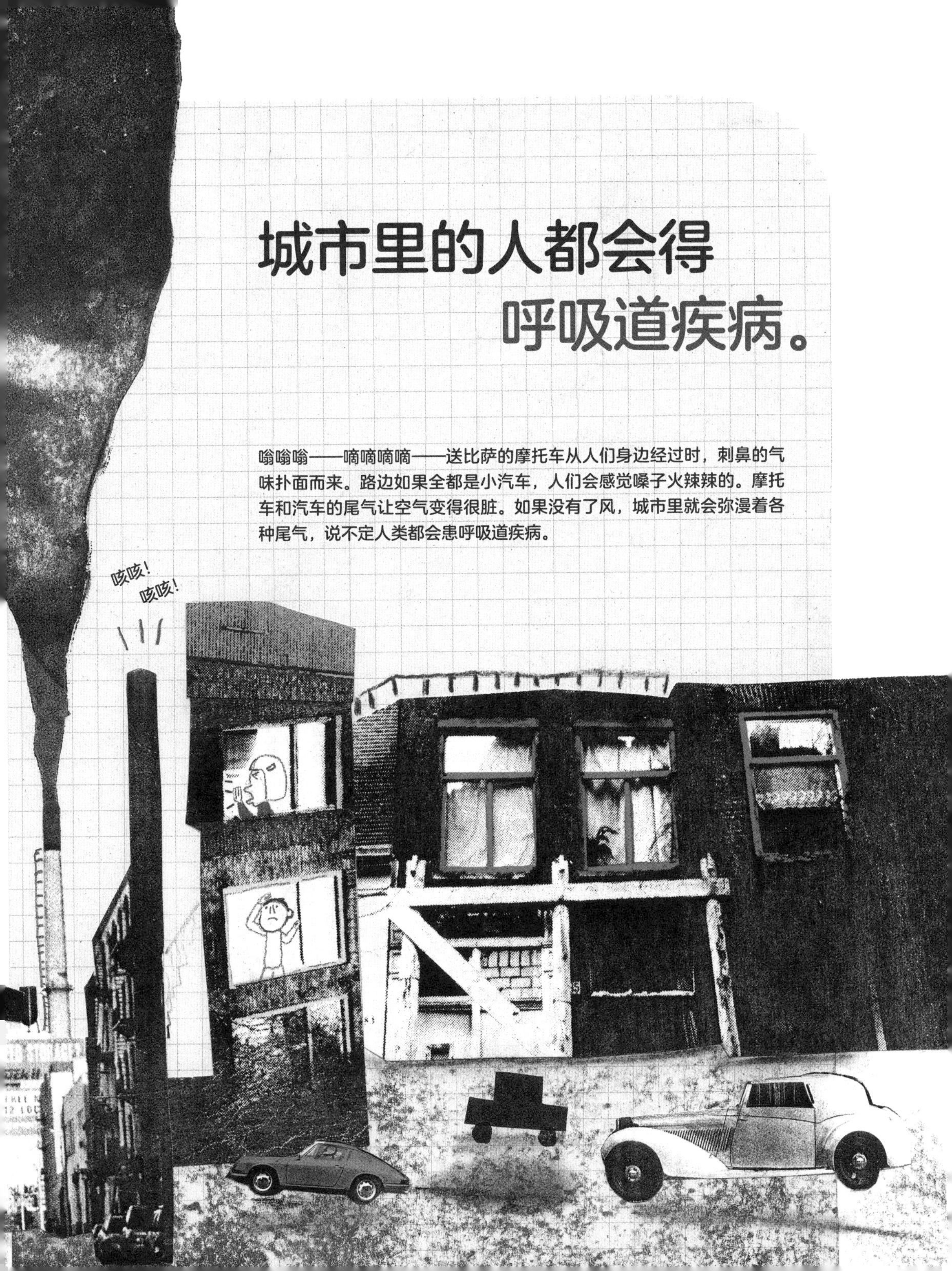

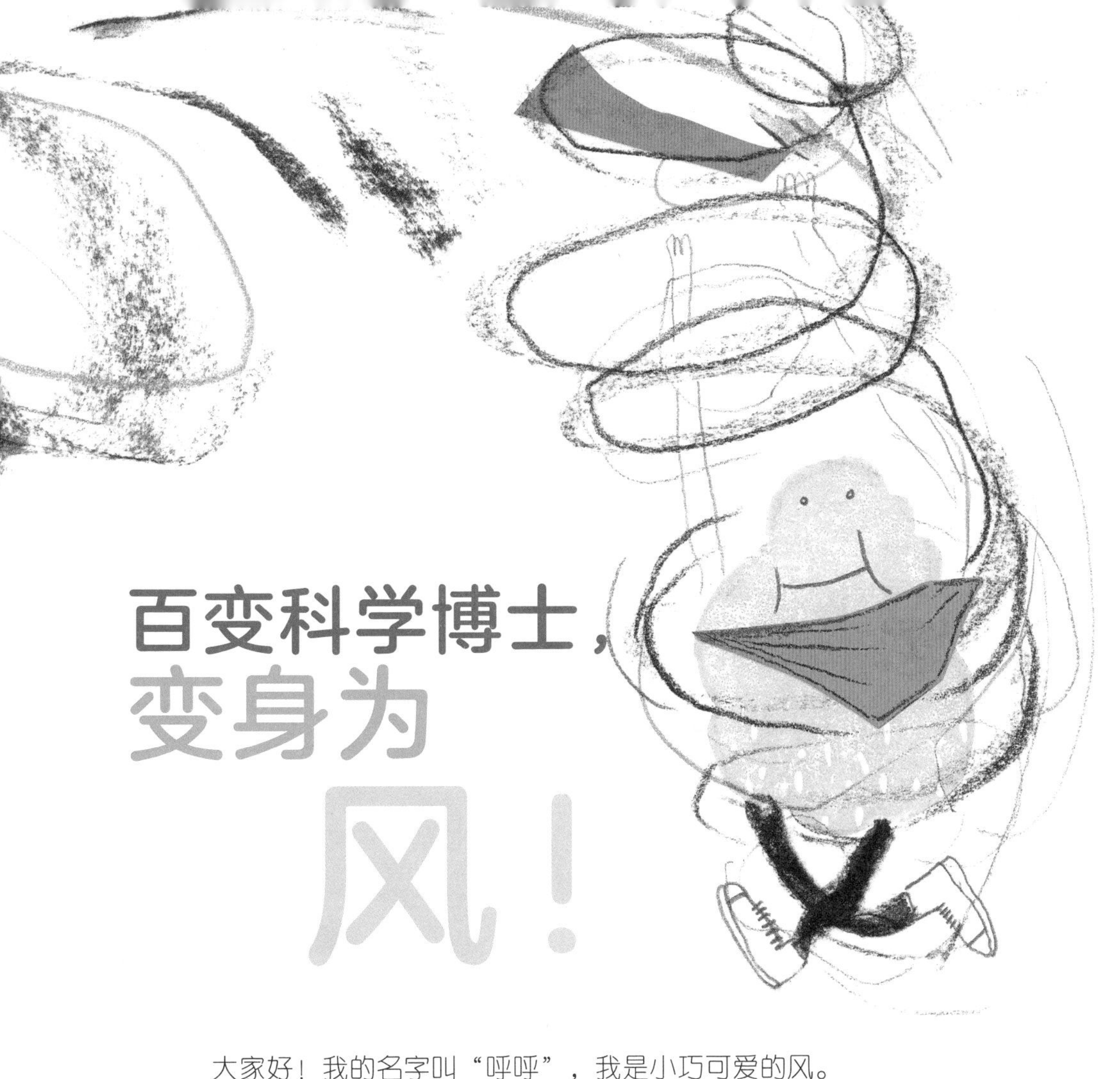

百变科学博士，变身为风！

大家好！我的名字叫“呼呼”，我是小巧可爱的风。

“呼——呼！”大家喊一下我的名字吧！这样会刮起小“风”。

严格说来，大家呼出的空气也算是一种风。

这个世界上，没有任何生物是不需要呼吸的。

因此，我也是生命之风。

从现在开始，大家要不要跟着我去找我的风朋友啊？

出发！呼呼呼——

风是什么?

人类生活在充满空气的世界里。
大家都知道，水是不停流动的，空气也一样。
空气从一个地方流向其他地方，这种现象就是风。
空气和风一样，肉眼通常看不到。不过，风可以感觉出来。
树枝摇曳、长发飘飘，这一切都是因为风的存在。
水是从高处往低处流，那风是从哪里流向哪里呢?
还有，风又是如何形成的呢?

流动的空气——风

去找风朋友之前，大家还有一件事情要做，那就是先要学习一下。哎哟，大家不要皱眉头哟！在我们风的世界里有这样一句话：“知己知彼，百战百胜。”人类世界应该也有这样的俗语，你听过吗？要想和风成为好朋友，难道大家不应该先了解一下风是什么、风又是如何形成的吗？只有这样，大家才能更好地认识我们风。

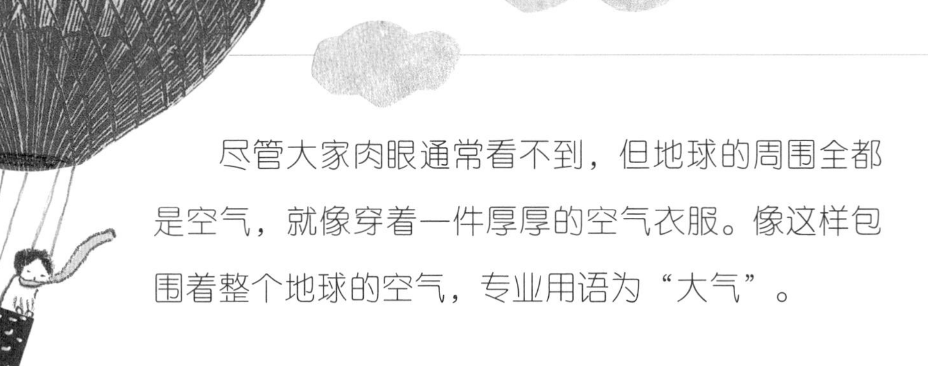

尽管大家肉眼通常看不到，但地球的周围全都是空气，就像穿着一件厚厚的空气衣服。像这样包围着整个地球的空气，专业用语为“大气”。

如果没有空气，人类就无法生存，因为人需要呼吸。同样，如果没有空气，我们风也不会存在，因为空气流动才会产生风。即，空气的流动就是风。换句话说，我们风和空气是一样的，空气四处飘荡就是风，而风停下脚步就是空气。

风是空气的流动。

我们风随处可见。只要是有空气的地方，就有我们风的身影。所有的风都是朋友，曾经，我还尝试过数一下自己到底有多少朋友。不过，我立马就放弃了。当然，这并不是因为我脑子笨，而是我的朋友太多了，多到遍布世界的每一个角落。所以，我很难数清到底有多少。此外，那些风朋友四处流动，它们在这里招招手，去那里露露头，我实在是分不清到底谁是谁。

有的在森林里调皮地摇着树枝，接着逃之夭夭；有的在大海里兴奋地冲着浪；有的和尘土纠缠在一起旋转着跳舞；有的直冲云霄，欲与苍鹰试比高；有的将蝙蝠群从黑漆漆的洞穴中赶出来；有的身形巨大，在高空中缓缓移动……

我们风活力四射，不过也不是任何时候都是这样的。有时候，我们正充满活力地飞来飞去，突然失去力量就会骤然消失。可如果重获了力量，我们又会兴奋地腾空而起，再次充满活力。

我们会获得力量，也会失去力量，大家是不是很好奇啊？那接下来，我就给大家讲一下我们风是如何获得力量的。

气团力量的对抗

前面我们讲过，风是由空气流动所产生的。那空气为什么会流动呢？要想找出这个问题的答案，大家首先要知道什么是气压。气压就是空气按压在物体（单位面积）上的力，即空气压力。

空气少，按压的力小，气压便低；反之，空气多，按压的力大，气压便高。

有的人肯定会问，轻盈的空气怎么会有压力呢？大家千万不要小瞧空气哟！接下来，我们就来做一个实验，看看空气的压力到底有多大吧。

利用空气的压力将空塑料瓶压瘪

准备物品：

1 个空塑料瓶（最好是小矿泉水瓶）。

实验步骤：

用嘴对准空塑料瓶瓶口，使劲吸里面的空气。这种情况下，大家不要用手按压空塑料瓶，只要用手轻轻托住瓶子即可。

实验结果：

大家即便没有用手挤压，空塑料瓶还是瘪了。而且，空气被吸走得越多，空塑料瓶就会越瘪。

为什么会出现这样的结果？

空塑料瓶里面虽然看起来空无一物，但其实里面全都是空气。空塑料瓶里面的空气也正在向外推瓶体。这种力就是气压。有人会问，那空塑料瓶为什么没有鼓起来呢？那是因为瓶外的空气也正在向瓶内压瓶体。空塑料瓶内外的气压是相同的，因此，空塑料瓶不会被压瘪，而是保持原状。

空塑料瓶内外的气压是相同的。

空塑料瓶外面的气压高，瓶体向内皱瘪。

不过，一旦空塑料瓶里的空气被吸出，那瓶内的空气肯定会减少。空气一旦减少，气压就会变低。这样一来，空塑料瓶外面的气压就会高于瓶内的气压。也就是说，来自瓶外空气的压力比瓶内的更大。最终，在外部力量更强的情况下，空塑料瓶会瘪下去。

有人认为空塑料瓶很薄，随便一点力就能压瘪，看来还是有人小看我们空气啊！那我们不用空塑料瓶，换用铁皮做成的大油桶。想象一下油桶里所有的空气被吸光会变成什么样？大油桶也会在瞬间被空气压瘪！怎么样，空气强大的压力是不是超出你们想象？

大家可能都知道，空气之间并没有什么阻碍。不过，大家从现在起，想象一下空气之间有一堵墙。这样一来，空气就像是被墙面隔开的气团。好了，大家可以看一下自己的周围，是不是到处都飘浮着一些气团啊？什么？有人竟然说真的能看到气团，哈哈哈！

大家想象一下两个气团紧贴在一起的场景。如果两个气团的气压相同，那气团就不会有丝毫动静，因为二者相互的作用力是一样的。但是如果左侧气团的气压高于右侧气团的气压，会发生什么事情呢？这时，左侧的气团会推着右侧的气团向右移动。

大家都很聪明，肯定已经明白我想要说什么了。气团的移动就意味着空气在流动，人们将这种现象称为“风”。气团互相推动的力量——气压不同时，力量大的气团会向力量小的气团移动。

所以，风是因为气团的气压不同而产生的。

我告诉大家一个秘密吧！那就是我是如何产生的。当然，我的出现也是因为气压差。如果你想呼呼地吹出风来，可以先将脸颊鼓起来，让嘴里噙满空气。这样嘴里空气的气压会升高，张开嘴吐气时，由于口腔内外的气压差异，我——呼呼，就会出现。怎么样，是不是很简单啊？

哐当！

哎呀，你不小心摔倒了，膝盖都受伤了。这时，你可以喊“呼呼！”，找我来帮忙。我会像离弦的箭一样，飞快地跑过来抚慰你的伤口。

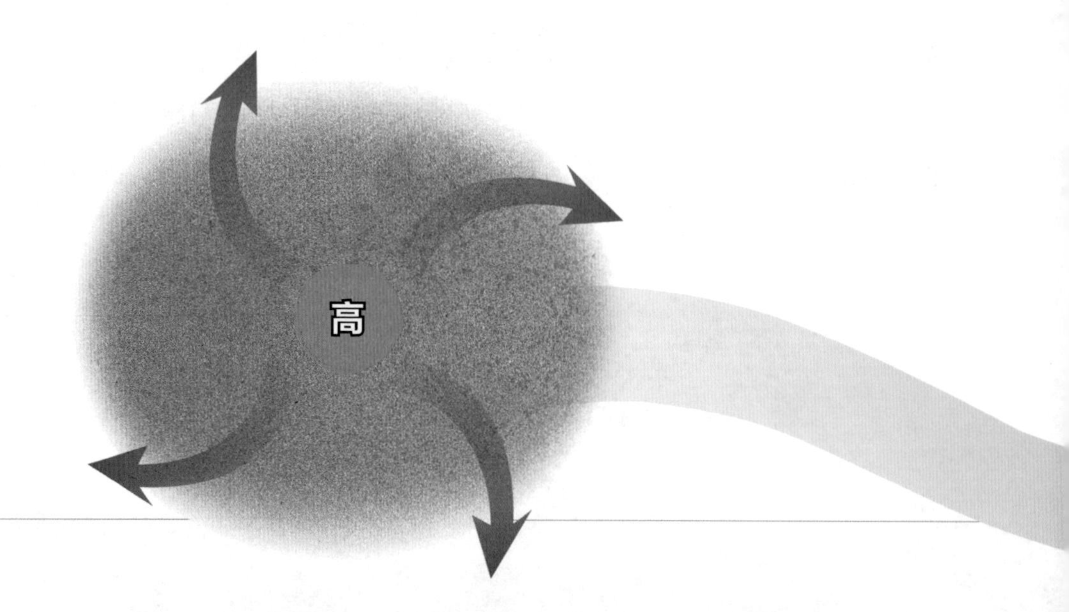

风的方向和强度

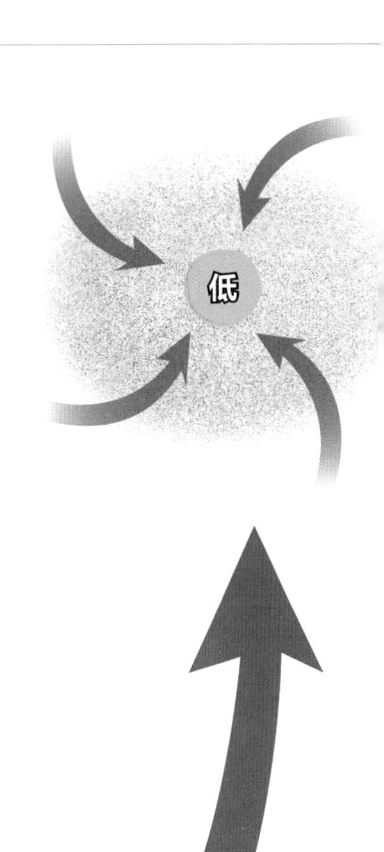

两个气团会一直相互较量，直至二者的气压相等为止。大家都知道，一旦气团相互角力，空气肯定会从力量大的一方向力量小的一方移动，对吧？因为力量大的一方气压高，而力量小的一方气压低。换句话说，我们是从气压高的地方向气压低的地方流动。

通常来说，气压比周围高的地方称为高气压，气压比周围低的地方称为低气压。大家在看天气预报时应该经常看见或听到这样的内容。所以，风的方向可以这样进行表述：

风从高气压吹向低气压。

在我们这些风中，有力量大的朋友，也有力量小的朋友。力量的大小与气压差有关。气压差越小，风力就越小；气压差越大，风力就越大。

风力，即风的强度不同，是因为两个气团的气压差。

根据气压差的不同，风的强度各不相同，有像我这样温柔和煦的微风，有轻轻吹动旗帜的轻风，有折断树枝的大风，还有在海上推波助澜的强风，等等。蒲福根据不同的强度，将我们风分为了不同的等级。

在200多年前，蒲福是英国海军测量船的船长和气象学家。那时，所有的船都是借助风力航行的帆船。如果没有风，船将寸步难行；如果有狂风巨浪，船就只能躲避在港口。

蒲福风力等级表

	无风	软风	轻风	微风	和风	清劲风
风力等级	0	1	2	3	4	5
风速（km/h）	< 1	1~5	6~11	12~19	20~28	29~38
地面物象	静，烟直上	烟可表示风向	风拂面，树叶有声	枝叶及小枝摇动，旌旗招展	尘沙飞扬，树枝摇动	小树摇摆，湖泊起波澜

在航海事业中，我们风的作用至关重要，因此蒲福认为，应该依据风的强度将风力划分等级，让所有人一目了然。于是，1805 年，他以风的速度，也就是风速为标准将风的强度划分等级，并制作成表，这个表称为“蒲福风力等级表”。就这样，我们风也有了不同的等级。

气团不分时间和地点地彼此较量，这是因为地球各地的气压都不同，而气压也在不断地变化。由此，只要有空气的地方，大家都能发现我们风的存在。

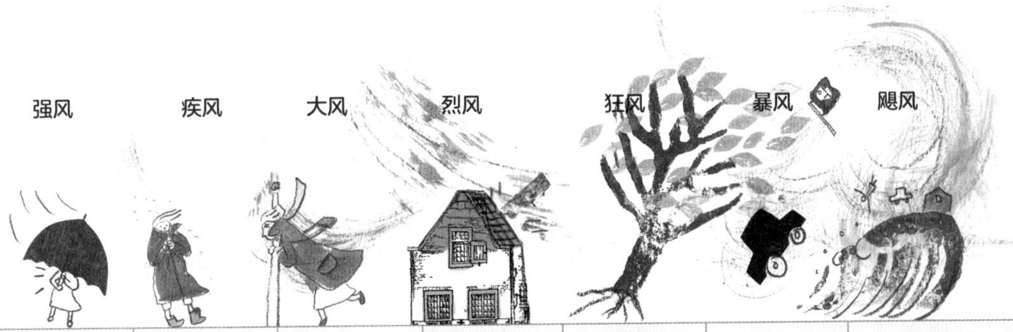

强风	疾风	大风	烈风	狂风	暴风	飓风
6	7	8	9	10	11	12
39~49	50~61	62~74	75~88	89~102	103~117	≥ 118
大树枝摇动，举伞困难	全树摇动，迎风步行有阻力	小枝吹折，迎风前进困难	大树枝吹折，烟囱倒塌，屋瓦等被吹损	拔起树木，房屋受损严重（陆上不常见）	损毁重大（陆上极少见）	摧毁极大（陆上几乎不可见）

风向
风向标
风向标是用来观测风向的工具，箭头所指的方向就是风吹来的方向。如果风力很弱，风向标便基本不动。这时，大家可以竖起风向袋或风向旗，也可以看烟囱里冒出的烟或者树枝的摇动情况，以此来观测风向。
风向袋
风向旗
风速计是根据转杯的情况来测量风速的工具，最常用的是鲁滨孙风速计，也被称为风力计。
鲁滨孙
风速计

你说有时候遇不到我们风？这是什么话！你把嘴巴噘起来，呼呼——只要呼气就能见到我。啊，你说的不是我，而是我的其他朋友吧？当然，有时候风很微弱，你一点都感觉不出来；有时候贴近地面的地方也没有风。你能想象到吗？这种情况下，我们风都在高空中吹着呢。大家见过高空中飘动的云朵吗？这就是我们风在高空中流动的证据。我那些数不清的风朋友不分昼夜，穿梭在世界的各个角落。

哗啦啦！风的朋友们

大家辛苦了。现在，一切准备就绪，我们一起去见我的朋友们吧。走，跟我来！

你们好吗？风朋友们

世界上有无数的风。
有的风在清幽寂静的海边来回飘荡；
有的风在广阔的海洋和大陆间旅行；
有的风很狂野，正围绕着地球旋转。
风在地球的各个角落穿梭，从不停歇。

海边的两位朋友：海风和陆风

这里是海边，大家面向大海时，头发是不是在向后飞舞啊？现在，轻抚你秀发的就是海风。海风是从大海吹向陆地的风。

哎呀，大家小心点！衣服都被海浪打湿了，海风真调皮。虽然海风平时很温柔，但偶尔也会掀起凶猛的波涛。那么，海风是如何形成的呢？

火辣辣的阳光下，沙粒闪闪发光！海边的阳光非常好，将大海和陆地都晒得暖洋洋的，晒暖的陆地和大海会加热周围的空气。这样一来，周围的空气是不是也变暖了？不过，陆地和大海不同，陆地在太阳的

照射下会立马变暖，大海则慢腾腾地一点一点变暖。

换句话说，在同等强度的阳光照射下，陆地和大海的升温程度各不相同。

大家脱掉鞋子试一下，沙子是不是很热啊？那大家把脚放进海水里再试一下，是不是很凉呢？这是因为，在同等强度的阳光照射下，陆地会比大海升温快。因此，陆地上方的空气比大海上方的空气热。大家有没有听过热空气会上升这句话？空气一旦变暖，就会膨胀。这时，变暖的空气比周围的空气密度小，就会上升。

在同等强度的阳光照射下，沙子升温快。

篝火燃烧时，大家可以观察到灰烬会向上飞，也就会发现暖空气上升这个现象。因为篝火燃烧时，受热空气上升，灰烬也随之一起上升。等一下！大家好好想一下空气上升这句话。前面我们讲过，空气的流动就是风。也就是说，因篝火燃烧受热而上升的空气也是风哟。

像这样上升的空气，即风，叫作上升气流。上升气流指的是向上的空气流动。相反，向下的空气叫作下沉气流。

艳阳高照的白天，陆地上会生成上升气流。原本在陆地上的空气上升后，陆地上的空气会逐渐减少。这时，气压就会降低。前面我们讲过，空塑料瓶内空气一旦减少，那瓶内的气压就会下降。因此，空气会从气压高的大海涌向气压低的陆地。这样一来，就形成了凉爽的海风。

接下来，我要为大家介绍我的另一个朋友。现在，太阳正好落山了，大家马上就能见到这个朋友了。这一次，大家背对大海感受一下吧。怎么样，风是不是从陆地吹向大海了？这位朋友就是陆风。陆风就是从陆地吹向大海的风，这里的“陆”指的就是陆地。陆风形成的原理很简单，和海风的情况正好相反。

到了夜间，照射陆地和大海的太阳落山了。此时，陆地和大海会逐渐冷却。快速受热的陆地散热也快，而受热慢的大海散热也慢。因此，夜间的陆地会比较冷，而海水相对暖和一些。于是，大海上会形成上升气流，大海的气压就会下降。这时，风会从哪里吹向哪里呢？当然是从气压高的陆地吹向气压低的大海了。

白天，海风从大海吹向陆地；夜间，陆风从陆地吹向大海。

白天吹海风，夜间吹陆风。这两个朋友在海边日复一日轮流“上班”，各自守护着白天和夜晚。在海边，同一天的时间内，风向就会不同。这种现象源自陆地和大海的温度差。也就是说，由于大海和陆地的地形差异，二者受热程度不同，海边会形成海风和陆风。

和海边一样，山里的白天和夜间也有方向相反的风。这些风的形成源自山顶和山谷的温度差。白天，大家会感受到从山谷吹向山顶的谷风；夜间，大家会感受到从山顶吹向山谷的山风。大家以后有机会可以亲自去体验一下。

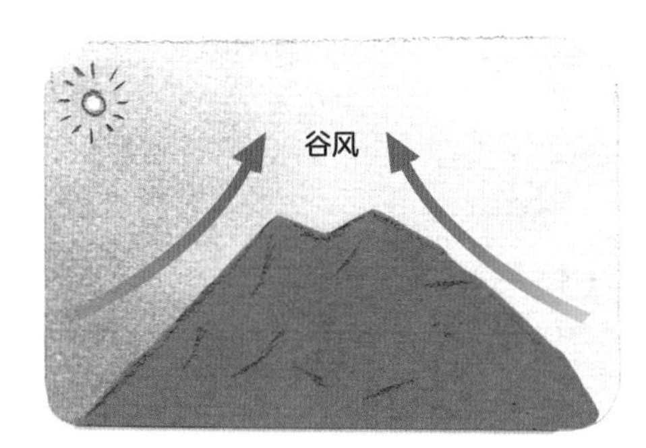

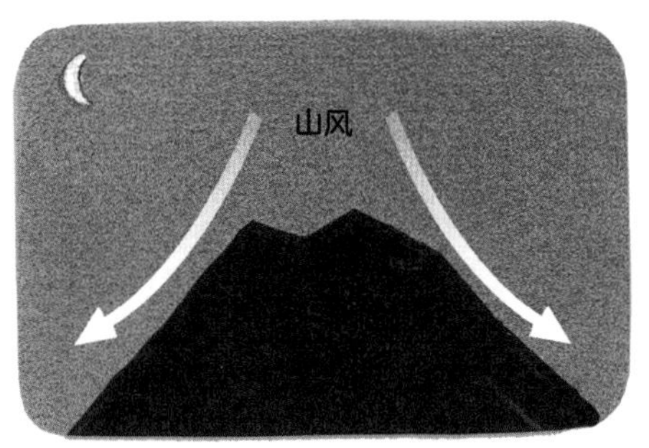

像山和海边这样空间狭窄的区域，大家可以遇到小范围的空气流动现象。在一天的时间里，风向交替，形成一个小小的风世界。

夏季和冬季的朋友：季风

向上，向上，嗖嗖——

大家往下看，能看到朝鲜半岛吧？我们现在要去见的风朋友，一直畅游在更加广阔的天地间。所以，大家要升到这么高才能见到这些朋友。这些朋友叫季风，随着季节变化而出现，尤其是夏季和冬季，所以不是很常见……这里的“季”指的是季节，顾名思义，季风就是季节风，英文为 monsoon。

大家真的很幸运！现在正值夏季，正好可以邂逅季风。不过，有人肯定会问，明明是两位朋友，为什么它们只有一个名字呢？哇，大家好聪明啊！不过，这个问题我后面为大家解释。

季风的形成和刚刚遇到的海风及陆风是一样的原理，它们全都是穿梭在陆地和海洋之间，因温度差而形成。不过，它们也有不同之处：海风和陆风的风向一天换一次，而季风转换风向则需要一年。当然，季风的流动范围要大得多。这里的海洋指的是非常广阔的大海。

我们就以朝鲜半岛为例。大家能看到朝鲜半岛西部的大片土地吧？这就是亚欧大陆，朝鲜半岛南边一望无际的海洋就是北太平洋。穿梭在亚欧大陆和北太平洋之间的风就是朝鲜半岛的季风。快看，季风刚刚过去了。没错，就是这个从海洋吹向大陆的大块头朋友。下面，我来给大家讲一下这个朋友是如何形成的。

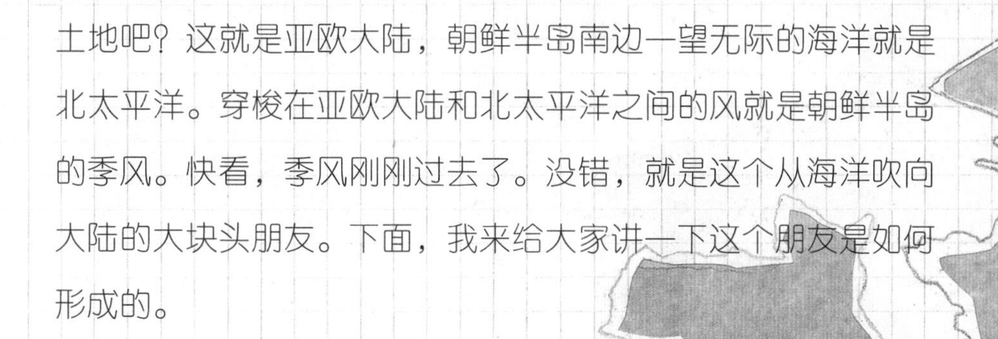

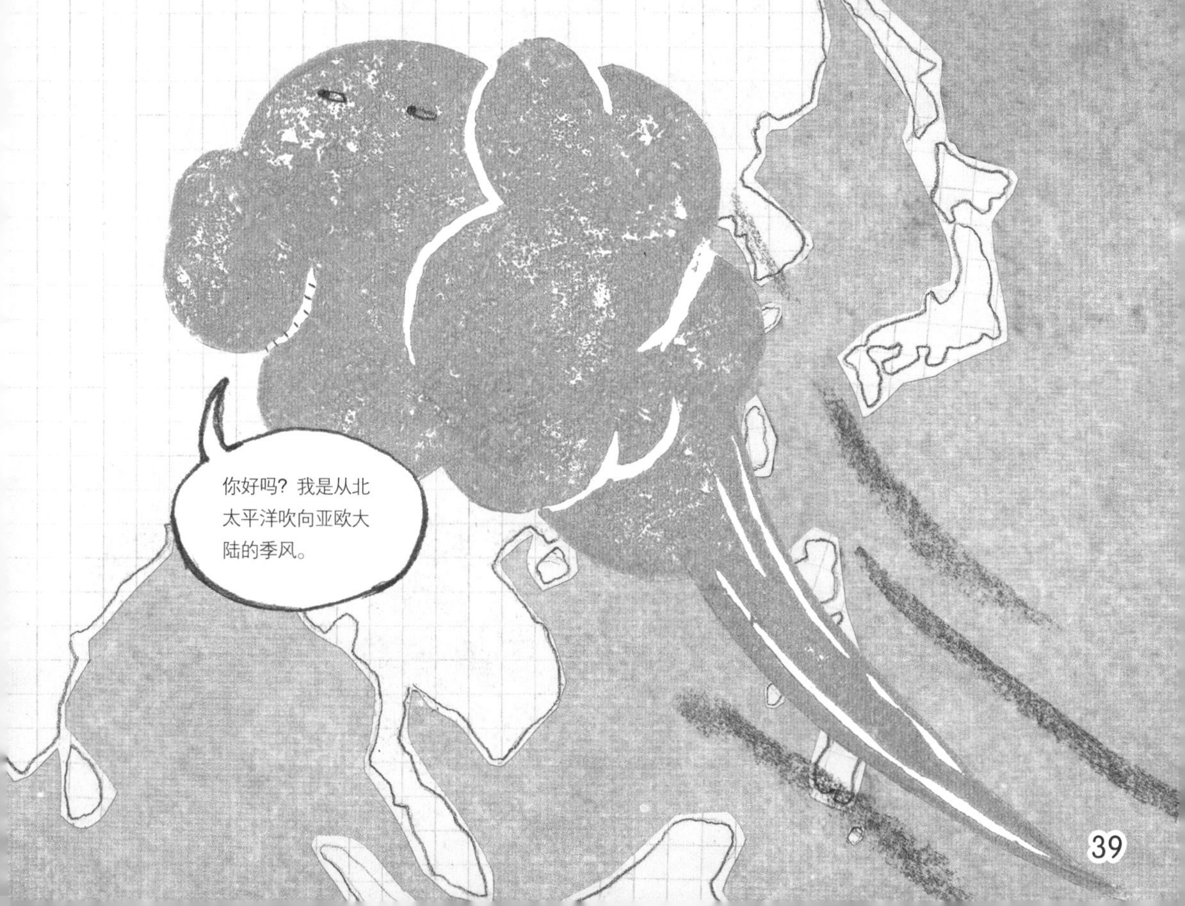

夏季非常炎热，那是因为太阳的高度角大。夏季的正午时分，炙热的太阳几乎就在头顶。我在前面讲过，即使阳光照射条件相同，陆地也升温快。同理，在夏季，亚欧大陆比北太平洋热。

亚欧大陆升温，空气也会升温，如此一来，亚欧大陆形成上升气流，气压变低，北太平洋的气压要高于亚欧大陆的气压。因此，在夏季，风从北太平洋吹向亚欧大陆。这就是跟随夏季而来的季风。

炎热的夏季和凉爽的秋季过后，冬季会来临。在这个季节，太阳的高度角变小了，即便到了正午时分，太阳也是在半空中发光，因此，直射的阳光变少了。如果将一年比作一天，那夏季是白天，冬季则是夜间。

在冬季，整个夏天被晒得火热的大陆和海洋都会逐渐降温。当然，亚欧大陆降温更快。这时，北太平洋上会形成上升气流，气压降低。亚欧大陆的气压高于北太平洋。由此，在冬季，风会从亚欧大陆吹向北太平洋。这就是跟随冬季而来的季风。

夏季，季风从海洋吹向陆地；冬季，季风从陆地吹向海洋。

像这样年复一年跟随季节变换，按照一定方向移动的风就是季风。如果说海风和陆风是在白天和夜间穿梭于陆地和大海之间的小范围流动的风，季风则是在夏季和冬季穿梭于陆地和海洋之间的大范围流动的风。前面我和大家说过，要给大家解

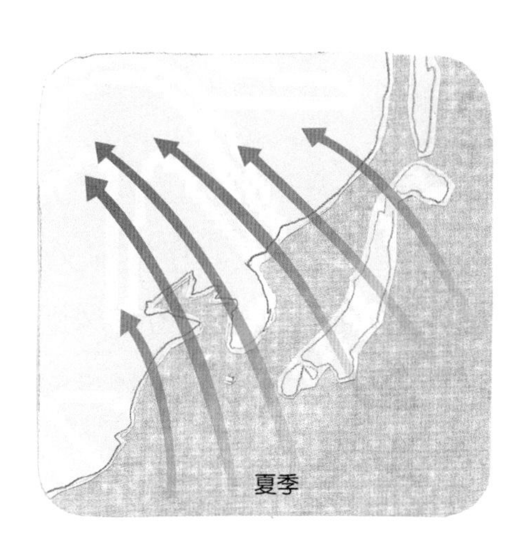

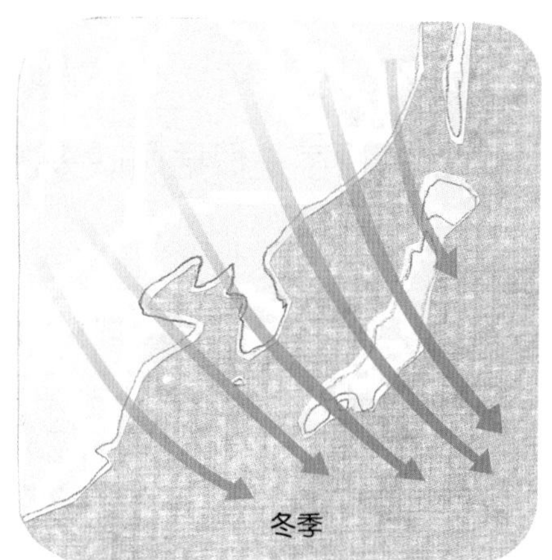

释夏季和冬季的季风明明是两种，却只有一个名字的原因，对吧？如果只用一个名字来称呼，那很容易把二者弄混。因此，虽然它们都叫季风，但还有区分这二者的名称。

风的名字通常以吹来的方向来命名。从大海吹向陆地的风叫海风，从陆地吹向大海的风叫陆风，前面讲的大家还记得吗？

风的名字是根据风吹来的方向来命名的。

大家还记得北太平洋在朝鲜半岛的哪个方位吗？没错，是东南方。夏季，季风从北太平洋吹向陆地。因此，这位季风朋友也可以叫东南季风。那么，冬季从亚欧大陆吹向海洋的季风应该叫什么呢？没错，这位季风朋友可以叫西北季风。

从东边吹来的风叫东风，从西边吹来的风叫西风。呼呼——是不是觉得太简单了？不过，并不是所有的风都是根据风的方向来命名。比如下面我要介绍的这个固执的朋友，它就不是根据风吹来的方向来命名的。

每到夏季，季风朋友都会不断地从北太平洋吹向朝鲜半岛。怎么，有人竟然会因为没有见到冬季吹来的西北季风而难过？没关系的，到了冬季，大家自然就会见到了。东南季风，辛苦啦！再见！我要去见那个固执的朋友了。

固执的风和固执的人：信风

这一次，我们要飞得更高一些，直到能将整个地球尽收眼底。

嗖嗖，嗖嗖嗖——

呼呼，我们到了！下面就是整个地球。

前面我们见到的风朋友会在白天和夜间，或者夏季和冬季变换风向。不过，这次要见的朋友非常固执，它们常年只吹向同一个方向。这些朋友的块头比季风还要大，生活在更大、更广阔的地区。

大家以赤道为中心，看一下南北纬 30 度附近。大家看到从东北方吹向西南方的风，还有从东南方吹向西北方的风了吗？这些风就是信风。它们像双胞胎一样，分布在赤道的两侧。有人问，它们会一直这样吹吗？是的，信风的移动只会沿着同一个方向。古代的人们会利用这些常年风向不变的风，乘风破浪去遥远的国度进行贸易。由此，这些朋友也叫贸易风。

信风的形成过程

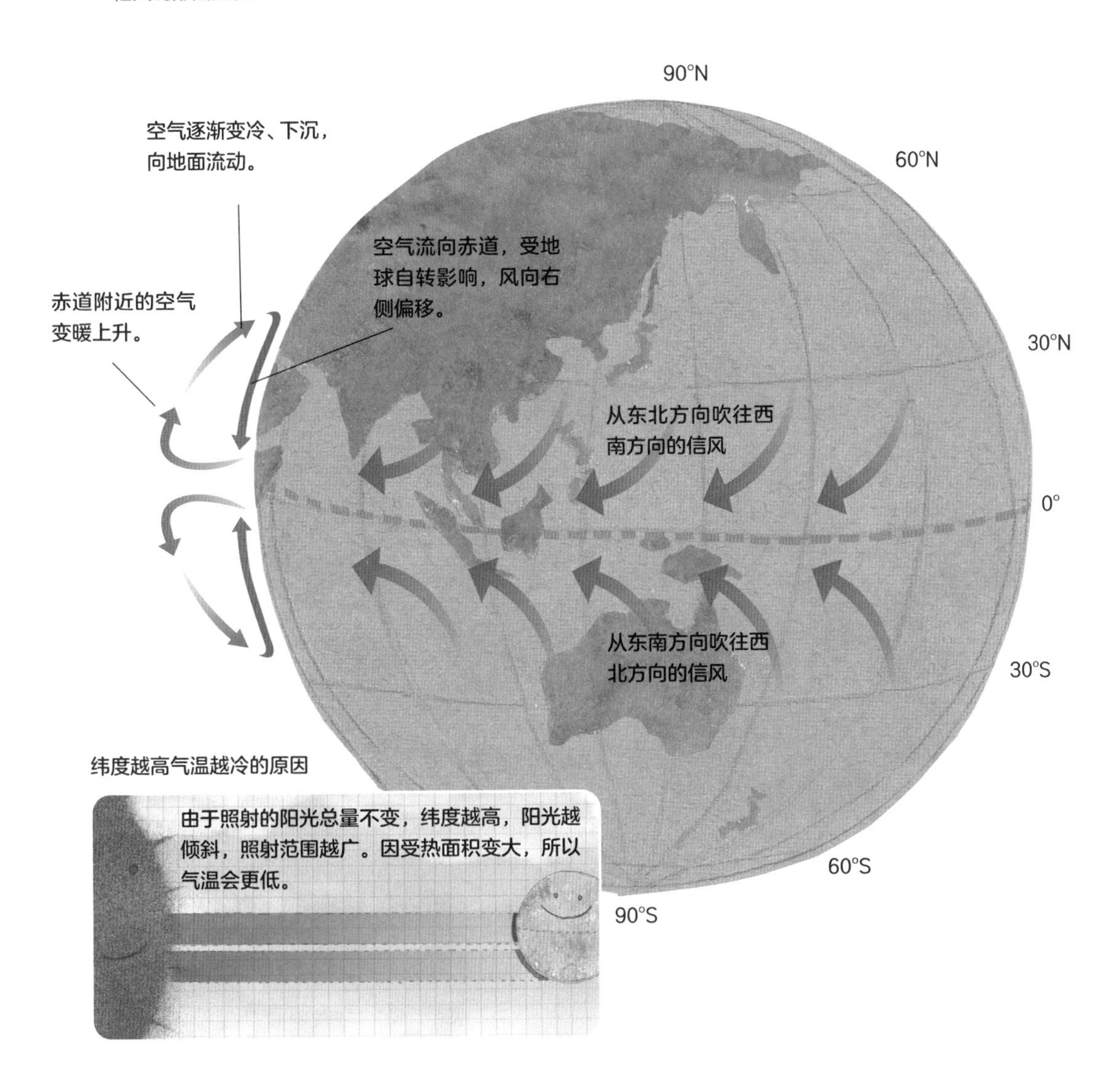

90°N
60°N
30°N
0°
30°S
60°S
90°S
空气逐渐变冷、下沉，向地面流动。
空气流向赤道，受地球自转影响，风向右侧偏移。
赤道附近的空气变暖上升。
从东北方向吹往西南方向的信风
从东南方向吹往西北方向的信风
纬度越高气温越冷的原因
由于照射的阳光总量不变，纬度越高，阳光越倾斜，照射范围越广。因受热面积变大，所以气温会更低。

赤道是地球上阳光照射最强烈的地方。在赤道地区，常年炙热的空气总是上升，风便总是升向高空。从赤道地面吹向高空的空气，会流向北方和南方，并分别在纬度 30 度附近由高空向地面下沉，再向赤道地区流动。如果地球不自转，那北半球就会吹北风，南半球则会吹南风。不过，由于地球自转，北半球的信风会向右偏移，南半球的信风会向左偏移。

因此，北半球的信风为东北风，南半球的信风为东南风。

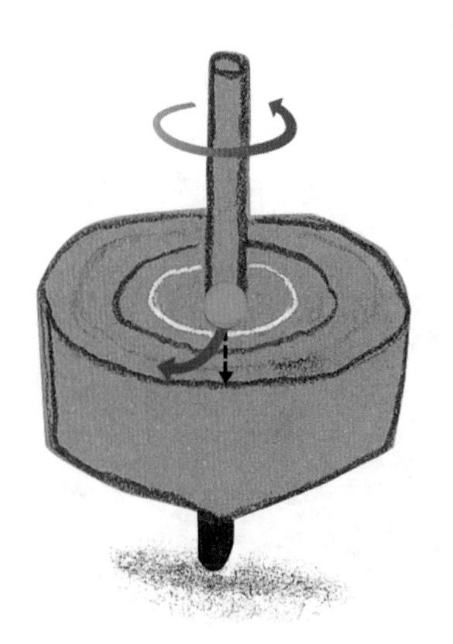

将陀螺逆时针旋转，从圆珠的移动方向看，圆珠滚动时会右偏。

有人会问，信风为什么会转弯呢？这一点我也很难跟大家解释，让我们通过一个简单的实验来了解一下吧。

大家将这个巨大的陀螺想象成地球的北半球，然后进行逆时针旋转。这时，从北往下看，这个陀螺就像地球一样在逆时针旋转。将一颗圆珠放在旋转的陀螺中间，看一下圆珠向边缘滚动的方向。大家会发现，圆珠滚动时会右偏，圆珠从陀螺边缘滚向中间时也会右偏。北半球的风也会如此向右偏转。

提到信风，就不得不提一个人。他就是葡萄牙的探险家麦哲伦。麦哲伦是我见过的人里最固执的。而且，他也是最了解信风的一个人。最固执的人和最固执的风，呼呼呼，这对组合是不是很厉害？没错，他们一起做了一件了不起的事情。

在约500年前，麦哲伦是第一个乘船环游世界的人。当时，助麦哲伦一臂之力的正是我的朋友信风。麦哲伦的帆船不断西行，是因为我的朋友信风不停地推着麦哲伦的帆船前进。他非常清楚，在赤道两侧的海洋里，东北风和东南风昼夜不息。虽然他也不明白这其中的原理。

下面，我将为大家讲述帮助麦哲伦环球航行的信风的故事，也就是这个固执的人不曾了解的、固执的信风的故事！

信风和麦哲伦的环球航行

1 1519 年 9 月 20 日，麦哲伦率领 5 艘船和 200 多名水手从西班牙出发，开始了环球航行。

2 1520 年 11 月 28 日，他们穿过麦哲伦海峡，进入太平洋。

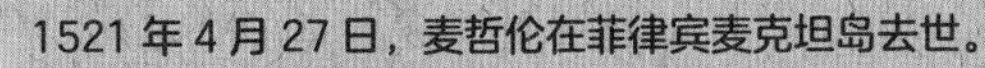

3 1521 年 4 月 27 日，麦哲伦在菲律宾麦克坦岛去世。

4 1522 年 9 月 6 日，整个船队仅有 18 人返回西班牙。

除了信风，我还有一个风朋友也是常年往同一个方向吹。大家想象一下，以赤道为中心，将南半球和北半球分别三等分。信风活跃在紧靠赤道的两侧地区。在中纬度地区，我有一个从西向东吹的风朋友，叫盛行西风；在地球两极地区，我还有一个从东向西吹的风朋友，叫极地东风。这三个大块头的朋友守护着整个地球。当然，除了它们，我还有很多其他的风朋友。块头小的风朋友在小范围地区，块头大的风朋友在大范围地区，各自分工创造出了不同的风的世界。

讲到这里，大家是不是很好奇我们风到底能做什么呢？那我们重新回到地面，继续刚才的话题。大家一定要抓紧我哟，因为我的速度会超级快。

极地东风 受地球自转影响，
向南流动的气流向右偏转
形成极地东风。
盛行西风 受地球自转影
响，向极地流动的气流向
右偏转形成盛行西风。
信风
0°

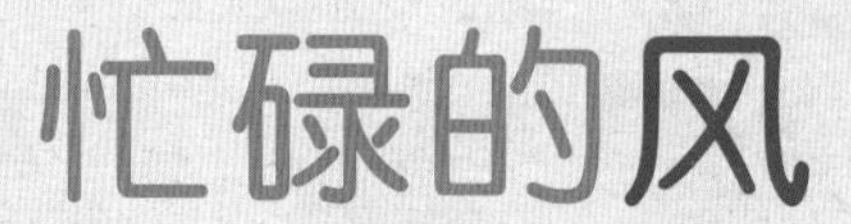

忙碌的风

风对人类的生活影响深远，
还会改变自然的面貌。
风能吹走泥土和灰尘，将岩石风化，
还能帮助植物四处安家。
风真的是勤劳的小能手！

翻云覆雨的风

大家要不要休息一下？说了这么多，又这么快回到地上，我感觉浑身无力，精神有些恍惚。大家都来深呼一口气，给我注入一些力量吧。

呼呼——呼呼——呼！

谢谢大家，我现在又充满了力量。我刚刚要讲什么故事来着……哦，大家很好奇我们风到底能做什么事吧？

我们风可以做的事情很多，其中最重要的，就是关于天气的。我们风可以决定甚至改变天气。根据不同的天气，人们的生活也是千差万别。衣服、食物、房子等，都会受天气的影响。所以，了解我们风的情况也是很重要的，对吧？下面，我先给大家讲一下我们与云和雨的故事。

虽然听起来有点自夸，但我们风

真的很勤快，有很多惊人的本领。虽然我们看起来像在到处乱跑，但我们能做很多令人吃惊的事情。比如，我们能给山顶戴上一顶彩云帽，能将高积云聚拢在一起，能将雨洒向玫瑰花园……

你见过云的形成过程吗？你问我怎么才能见到？当然，要亲眼见到这个过程并不容易。不过，大家可以在周围发现原理相似的例子。要不我们一起来做个实验？在这次的实验中，最重要的是观察。

观察云形成的原理

准备物品：

水壶、水、燃气灶。

实验步骤：

将水壶装满水，放在燃气灶上。打开火，等水沸腾。这时，观察一下壶嘴会发生什么事。

实验结果：

壶嘴处剧烈地喷出了一些东西。大家用肉眼看不清楚，不过，在壶嘴位置会有一些像雾的白色物质。

为什么会出现这样的结果?

水沸腾后，水分子会剧烈运动，飞向空中。这些气态的水被称为水蒸气。水蒸气肉眼通常看不到，但遇冷后会液化成小水珠。这些看起来像雾的水珠被称为水汽。

大家都观察到了吗？这个实验中像雾一样灰蒙蒙的水汽就是云。实际上，云是这样形成的，大家听好啦！

宽广平静的大海上，温暖的阳光洒在水面上。水面上袅袅升起一些水蒸气。海水又没有沸腾，为什么会有水蒸气呢？这种发生在水面上的，水没有沸腾而变成水蒸气的现象叫蒸发。晾晒能使清洗后的衣服变干，也是因为蒸发。大家打完水仗后，湿透的衣服也是因为蒸发变干的。

经过强烈的太阳照射，水面逐渐升温，周围的空气也开始升温。如此一来，我那些朋友就开始蠢蠢欲动了。水面附近的暖空气形成上升气流，升向高空，这些上升气流潮乎乎的，因为里面含有很多水蒸气。

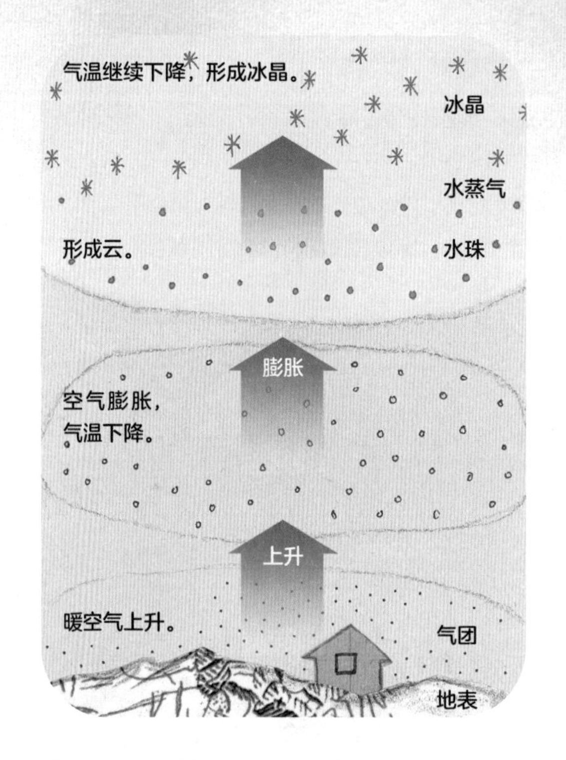

大家有没有爬上过高高的山顶啊？山顶上很冷，冬天下的雪也融化得比较晚。因为海拔越高，气温越低。上升气流冲向的高空远高于大家爬过的山顶。那里非常冷，甚至到了水能结冰的程度。那么上升气流中凝结的水蒸气会怎么样呢？这些水蒸气会互相抱团，凝成小水珠。这和壶嘴中冒出的水蒸气遇冷变成水汽是同样的原理。如果温度继续下降，小水珠会凝结成冰晶。像这样形成的水珠和冰晶聚在一起，就是云。

积云、高积云、卷云……这些都是风朋友们利用水蒸气打造的神奇作品。此外，我们风还能像牧羊人赶羊群一样将云赶来赶去。有时候，我们还会给山顶戴上一顶云朵帽子。

云中的水滴既小又轻。因此，云朵会被风吹着飘浮在高空中，就像灰尘那样。不过，一旦水滴和冰晶不断形成，体积变大，上升气流无法支撑其重量时，就会降落到地面。这就是雨或雪。

我们风可以制造云，将云吹来吹去。此外，还能让雨雪降临。在每天的天气变化中我们真是功不可没呢。

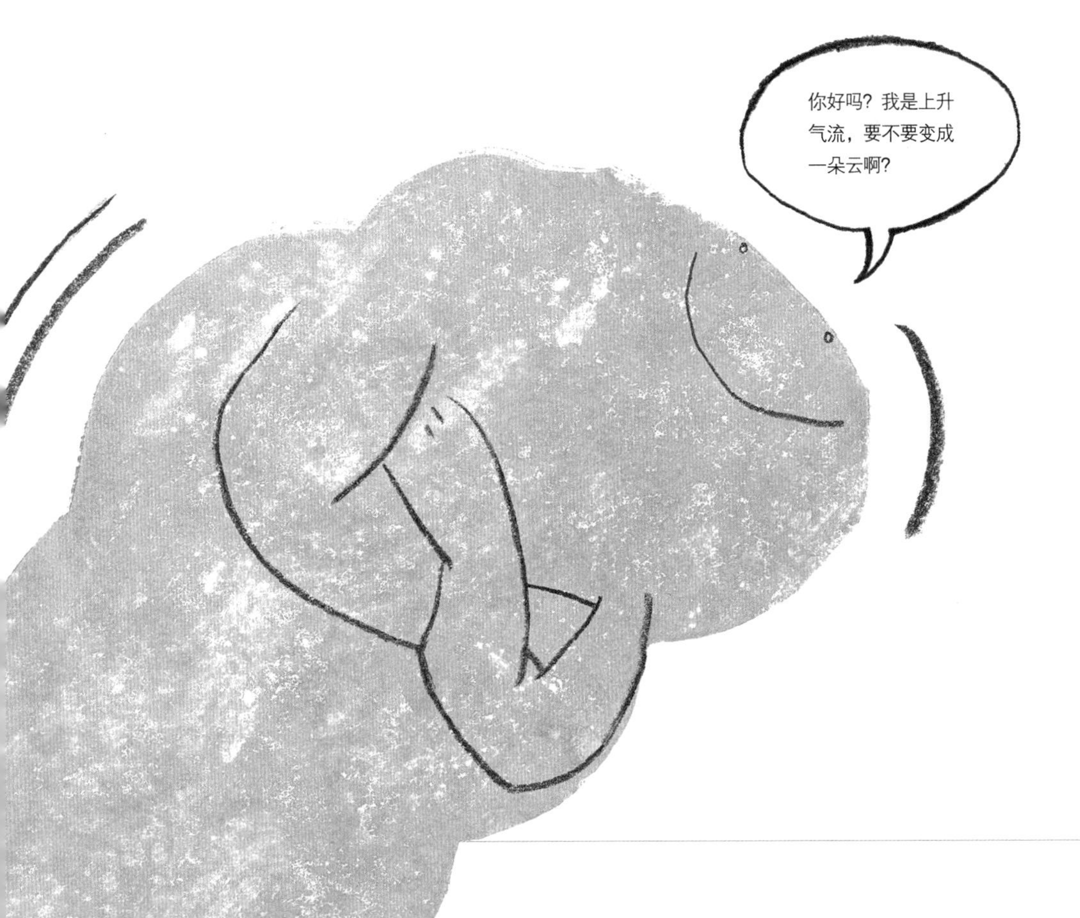

带来酷暑或严寒的风

朝鲜半岛在夏季和冬季会有性格不同的风造访。冬季到来的西北季风使天气干燥、阴冷；夏季到来的东南季风使天气潮湿、炎热。如此一来，冬季受西北季风影响，朝鲜半岛干燥寒冷。夏季受东南季风影响，朝鲜半岛迎来梅雨季节，阴雨绵绵，雨后的天气就像蒸笼一样闷热。

风会带来酷暑或严寒。

呼——呼！西北季风大驾光临，我要把世间万物都冻成冰雕！

大家用手对着嘴巴，“哈”几下试试，一会儿手就会暖和起来。这是因为体内的暖空气温暖了手。接下来，大家用力吹一下手，就像喊我的名字一样，“呼——呼！”这时，大家的手会感觉凉爽。皮肤的温度比气温高，皮肤附近的空气气温也更高。不过，当大家用嘴猛吹手时，手部皮肤附近的暖空气会被吹走，周围的冷空气趁虚而入，所以手会感觉凉爽。我们风会带走人体的热量。

有风时，体感温度要比实际气温更低。这是因为我们风会将热量从人体带走。体感温度就是人的身体感受到的温度。风力越大，人的体感温度越低。因此，大家会感觉冬季的风很冷冽，而夏季的风很凉爽。

除了东南季风，我还有一个热情的风朋友。这个朋友的名字叫干热风，它热得令人喘不过气来。现在，我们一起去见一见这个朋友吧！

让云朵和农民流泪的风

要想体验干热风，大家需要去太白山脉附近。太白山脉是沿着朝鲜半岛东南沿海向南北方向延伸的山脉，有无数座超过1000米的山。潮湿的气团越过太白山脉时，在岭东地区降雨后，会变得干燥、炎热，继而向岭西地区前进。下雨的过程就像气团因为山太高而流下辛酸泪，眼泪哭干后，干燥的气团继续向前。大家有没有这个感觉？哇，这种比喻简直绝了！

我的这个朋友通常出现在春末夏初。这个朋友一旦现身，空气就会变得干燥，山火易发，农作物也会变得干黄。因此，

干热风的形成过程

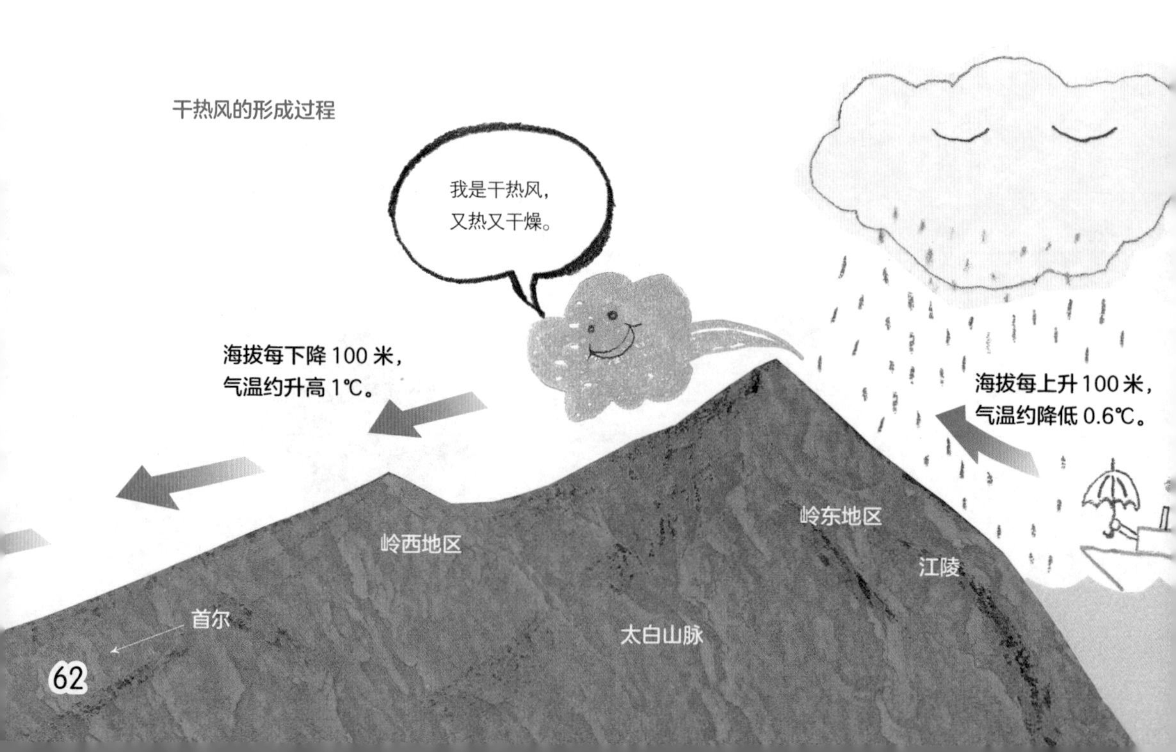

韩国岭西地区的农民将干热风称为“杀谷风”。顾名思义，杀谷风就是“杀死谷物的风”。不过，我们也知道韩国岭东地区的人们喜欢在农忙时节迎来这样一场雨。

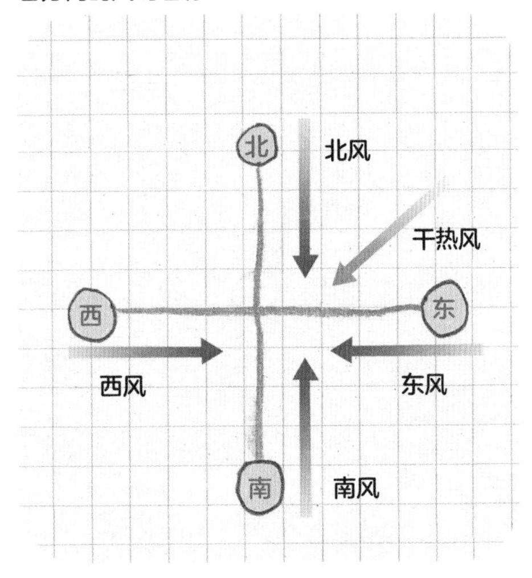

那干热风这个名字是怎么得来的呢？通常，风不都是根据吹来的方向进行命名吗？其实，还有像干热风这样根据风的特性来命名的方式。

太白山脉的干热风是从东北方向吹来的风。因为这种风不仅“干燥”，还很“热”，所以人们将这种令人讨厌的风称为干热风。

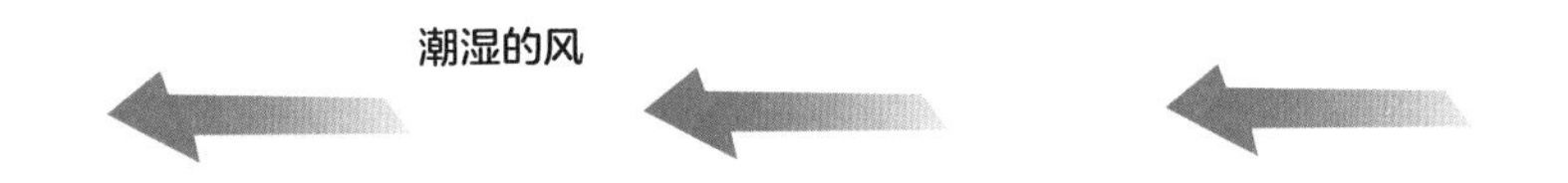

共享热量的风

在寒冷的房间里，点燃壁炉。刚开始，只有壁炉周围暖和，过一段时间后，整个房间就都暖和了。这种情况的原理是：壁炉周围的空气变暖后会上升，而周围的冷空气会立马流过来。这些冷空气被烤得暖和之后，又会上升。这个过程循环往复，整个房间里就会变得同样温暖。

那空气的流动是什么呢？没错，就是我们风。因此，是我们风使壁炉的热量实现了均匀传递。科学家将热量因空气而流动的现象称为对流，对流就是液体或气体运动过程中传递热量的现象。

我前面讲过，地球上有一些巨大的风朋友，对吧？也就是前面见过的信风、盛行西风、极地东风。从整个地球来看，这三个朋友在大气中形成了规模庞大的对流现象。由此，赤道周围的热量也被扩散到整个地球。

风将热量均匀地传递到地球的各个角落。

雕刻地球的风

我们风还是了不起的雕塑家。只要有空气的地方，我们风就会不停穿梭，创作雕塑。我们会花费很长的时间来打磨石头，也会不断损毁已经打磨好的岩石雕塑，使其变为黄土和沙子，还会将黄土和沙子来回搬运、堆积。就在我们穿梭在地球的各个角落，飞沙走石时，陆地的模样也在不经意间改变着。

我们风最喜欢的地方就是沙漠。沙漠四面开阔，我们可以尽情地疯跑。而且，我们还能让尘土和沙子漫天飞扬，将巨大的岩石凿刻成鬼斧神工的作品。

很久以前，我曾经在非洲的撒哈拉沙漠见过一个非常强大的风朋友。那个朋友对我不理不睬，只顾着堆积沙丘。那座沙丘非常庞大，就像一座巍峨的大山，大约高 400 米。如果有堆沙丘大赛，它肯定能荣获金牌。

蒙古的戈壁滩上生活着一个飞得最远的冠军，无聊时，它会裹挟着沙尘四处飘荡，甚至能吹到太平洋！它吹往太平洋时，将数不清的沙尘吹落到朝鲜半岛上，这带来的就是沙尘暴现象。每年春天，侵袭朝鲜半岛的沙尘暴就是那个生活在戈壁滩的风朋友所引起的。

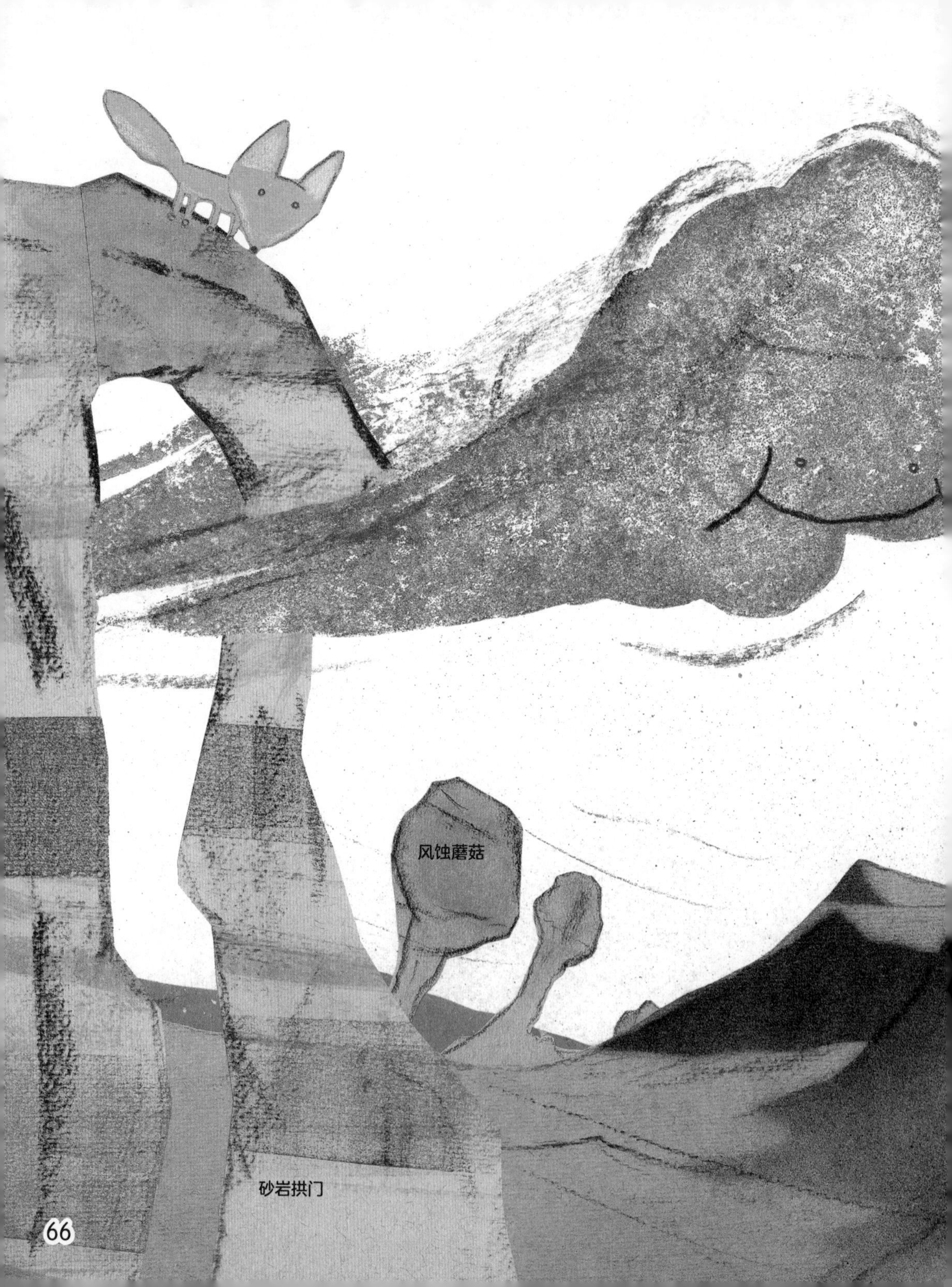
风蚀蘑菇
砂岩拱门

大家看一下沙地的纹理，就像水面上荡起的涟漪，这些都是微风的杰作。而那些大风则会飞沙走石，形成庞大的沙丘，还能将沙丘搬来搬去。

风朋友在沙漠里飞沙走石，堆积沙丘，一旦厌倦，就会玩起凿刻岩石的游戏：风蚀蘑菇、砂岩拱门……这些都是它们创造的雕塑。有的风还会将一块坑坑洼洼的石头打磨成光滑的三角形石头。

我们风会利用沙漠里那些粗糙的砂石来打磨。风裹挟着沙子不断和岩石摩擦，即便再坚硬的岩石也会被一点一点地侵蚀。经过漫长的岁月，岩石会被凿空，底端会像蘑菇柄一样细长。这跟成语“水滴石穿”形容的情况类似。

堆沙丘、飞沙走石、雕琢岩石……沙漠就是我们风最喜欢的游乐场！除了沙漠，我们还能在一望无际的雪原刮起暴风雪，还能在广阔的海面掀起惊涛骇浪，还能打造神奇壮丽的地形地貌。只要有空气的地方，风就会自由自在地四处游荡，勤劳地改变着大地的模样。

未来能源——风

人们在很早以前就将我们风用作了能源，比如麦哲伦环球航行时所乘坐的帆船、用来舂米或向上引水时所用的风车等。船帆迎风受力，帆船就会前行；风车的叶片在风的作用力下旋转，机器随之转动，便可舂米，也能向上引水。

最近，风能备受关注，科学家也正在研究利用风能的方法，其中之一便是利用风的船。比如，我们做一艘前面连着一只大风筝的船，我们风使劲吹时，船会被风筝拉着前行。这样一来，所用的燃料远少于没有风筝的时候。呼呼呼—— 风筝在风的作用力下拉着船不断远行……这个场景想想就觉得兴奋！

我们还能让电视机工作。这听起来是不是不可思议？这是真的，只要有风力发电机，我们就能转换成电能。在火力发电站，通常是用石油或煤炭来烧水，利用产生的水蒸气来驱动发电机。不过，风力发电机无须石油或煤炭，只要我们使劲吹就行了。

风力发电机长得很像巨大的电风扇，几个叶片挂在高高的柱子上。只要我们风猛烈地吹，叶片就会不停旋转。这样一来，里面的发电机开始工作，就会产生电。现在大家能理解我所说的风也能让电视机工作了吧？

石油和煤炭都是不可再生能源。再过几十年，石油和煤炭消耗殆尽，就会永远消失。不过，我们风是取之不尽用之不竭的。像风这样可以持续利用的能源称为可再生能源。

风能是取之不尽用之不竭的可再生能源。

可再生能源除了风能，还有太阳能、水能（水的落差产生的能量）、潮汐能（海水涨落运动中所产生的能量）、地热能（地球内部的热能）等。

地球的任何一个地方都有风。只要人类对我们风能感兴趣，我们未来将继续努力，为人类创造更多能源。

我们风实在是太忙了！我们还会为植物或动物提供帮助。

大家见过蒲公英的种子随风飞舞的场景吧？我们会帮助植物，让它们的种子四处为家。此外，我们还能吹起微小轻盈的花粉，帮助松树等植物授粉。

飞翔在天空的鸟儿也离不开我们的帮助。候鸟们如果仅靠翅膀的力量飞翔，就会疲惫不堪，很难迁徙至很远的地方。在我们的帮助下，候鸟们御风而行，长途飞行能省下很多力气。蜘蛛宝宝离开妈妈独立时，也需要我们风的援助。如果有风，小蜘蛛可以借助蛛丝飞得远远的，就像人猿泰山拽着树藤穿梭在密林中一样。那个场景真的值得一看！

我们风能制造云带来雨雪，还能带来冷热交替的气候。此外，我们能凿刻岩石，打造壮观的雕塑，还能清洁城市空气，放飞蒲公英的种子，提供不竭的能源。总而言之，我们风就是地球上勤勤恳恳的“劳模”。

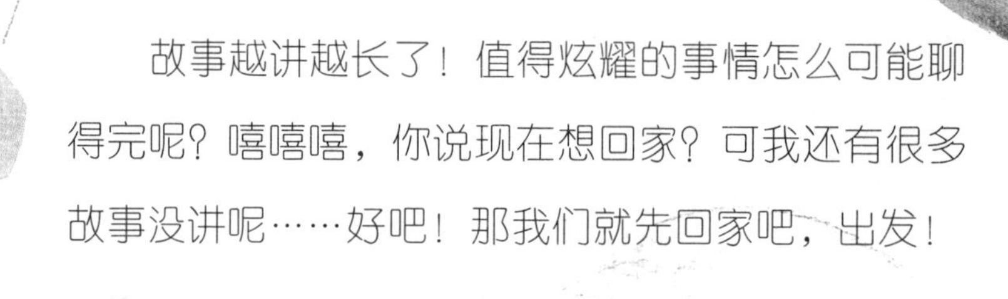

故事越讲越长了！值得炫耀的事情怎么可能聊得完呢？嘻嘻嘻，你说现在想回家？可我还有很多故事没讲呢……好吧！那我们就先回家吧，出发！

风

风并不总是温和轻柔的，
有时候，风会咆哮大怒，让地球陷入狼藉。
近来，风越来越猛烈，
问题的根源就是人类。
人类竟然让风变得更加猛烈，这是什么意思呢？

生气了

多萝西和龙卷风

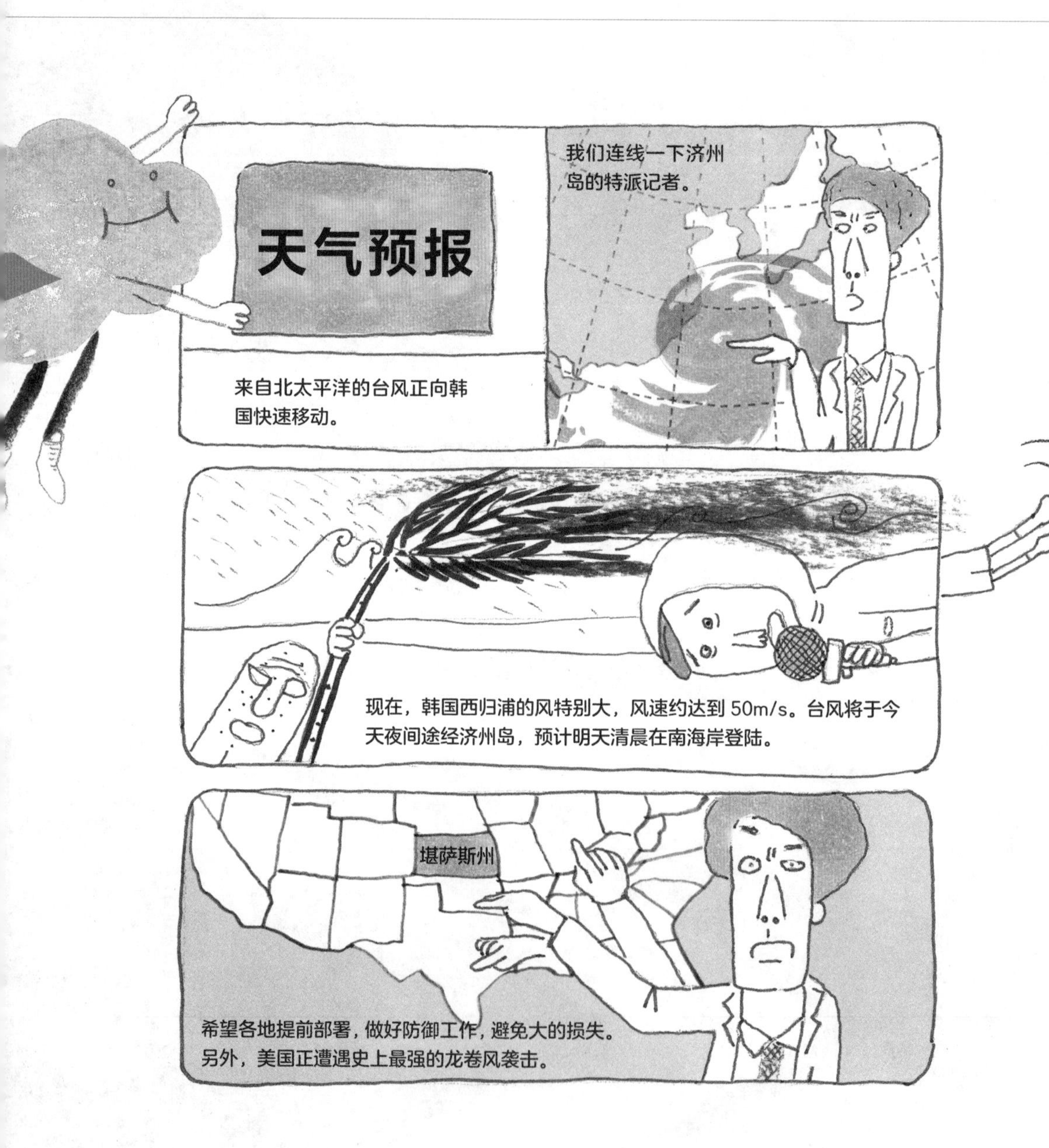

天气预报
来自北太平洋的台风正向韩国快速移动。
我们连线一下济州岛的特派记者。
现在，韩国西归浦的风特别大，风速约达到 50m/s。台风将于今天夜间途经济州岛，预计明天清晨在南海岸登陆。
堪萨斯州
希望各地提前部署，做好防御工作，避免大的损失。
另外，美国正遭遇史上最强的龙卷风袭击。

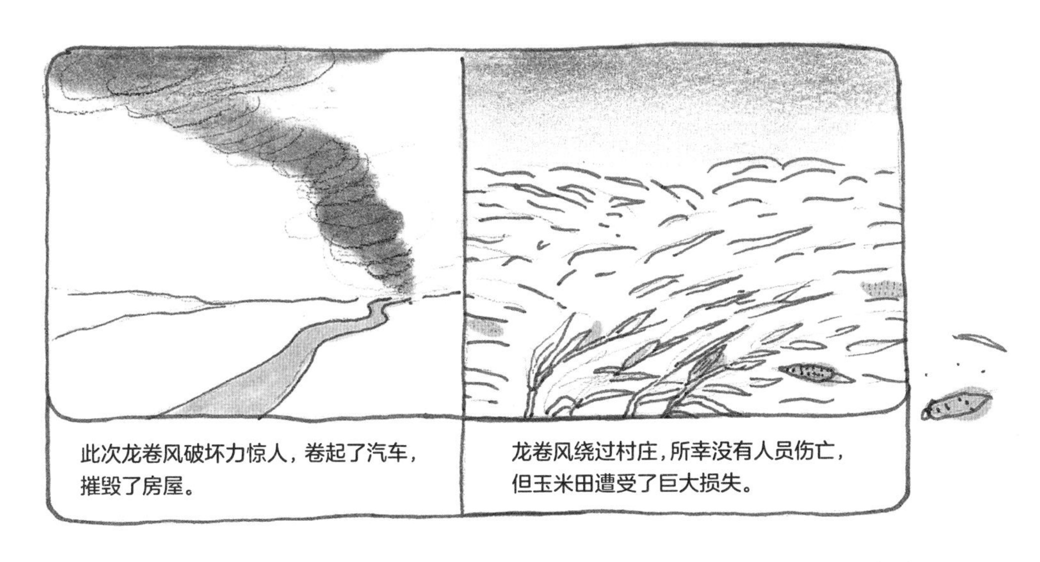

电视里正在播报天气预报。预报说，朝鲜半岛即将迎来台风，而美国遭遇了龙卷风！

龙卷风通常是强烈的旋风。这种旋风如果出现在陆地上叫陆龙卷；如果出现在大海上，则称水龙卷。

我的这个风朋友非常危险。它力量强大，模样奇怪，我——呼呼，难以望其项背。其实，我们风之间大多很亲近，但我和这个朋友却很难亲近。这个朋友一旦出现，像我这样弱小的风会立马被吞噬。所以，我们只好跟它保持距离。接下来我要讲的，就是这个朋友的故事。

我是龙卷风！大家
赶紧逃吧！

龙卷风的形成过程

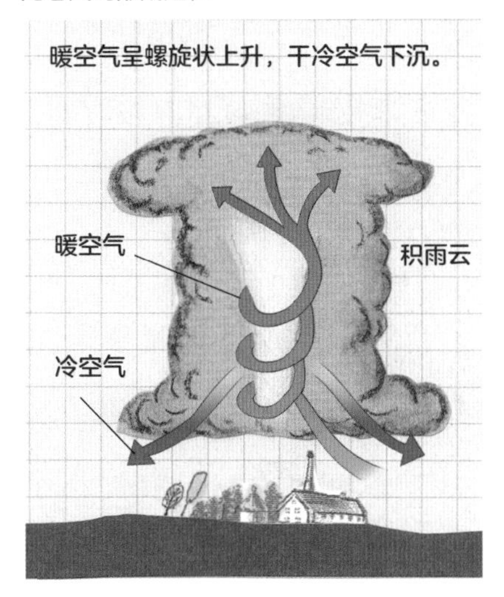

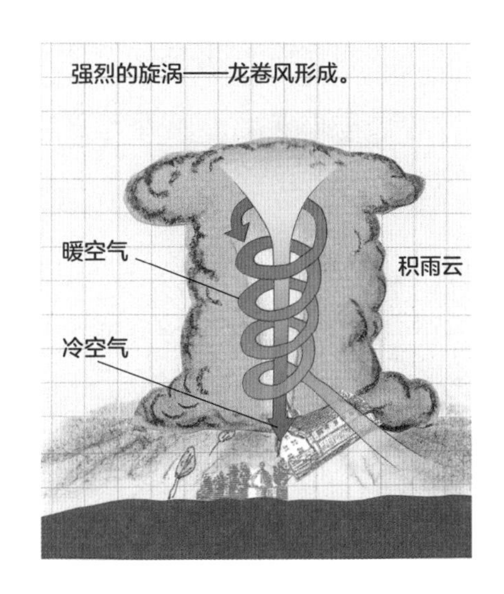

龙卷风常伴随着积雨云出现。

积雨云又称雷暴云，是像高山一样耸立的漆黑云团，通常在夏季出现，会伴随暴雨或冰雹。积雨云中产生上升气流时，会吸卷下方的空气。由此，地面的空气会呈螺旋状猛烈地上升。所以，龙卷风旋涡状的气流就像浴缸里的水流走时形成的旋涡一样。

从远处看，龙卷风就像一个又长又大的漏斗。很久以前，古人把大海里出现的龙卷风称为“龙吸水”，看来他们认为我这个朋友很像一条从海面盘旋而上直入云霄的龙。

大家可以在餐桌上撒一些砂糖，用吸管吸一下试试。砂糖就算碰不到吸管，也会被吸到嘴里。我的朋友龙卷风就像用风形成的吸管。空气形成龙卷风的风墙，快速旋转形成旋涡。这样一来，凡是龙卷风席卷的地方，房屋会被摧毁，树也会被连根拔起，就像砂糖一样被吸走。

龙卷风的直径可达数百米，移动速度惊人，时速可达40~70千米。虽然并不多见，但也曾经出现过龙卷风席卷数百千米的情况。尽管龙卷风风力大，但很快就会消失，持续时间一般在几秒到几分钟之间，应该算来得快，去得也快。

龙卷风这个朋友大多生活在美国。在美国的中部和东部地区，这个朋友每年会现身150多次，且常见于春季和夏季。

很久以前，美国堪萨斯州曾经遭遇一场强烈的龙卷风袭击。当时，龙卷风卷走了一个叫多萝西的农家少女。不过，大家不用担心，多萝西飞到了一个名为“奥兹”的魔法王国，经历了一番惊险刺激的冒险后顺利地回到了家。大家应该都听出来了，这只是故事书《绿野仙踪》里讲述的梦幻童话。如果真的遇到龙卷风，大家首先要做的就是躲得远远的！

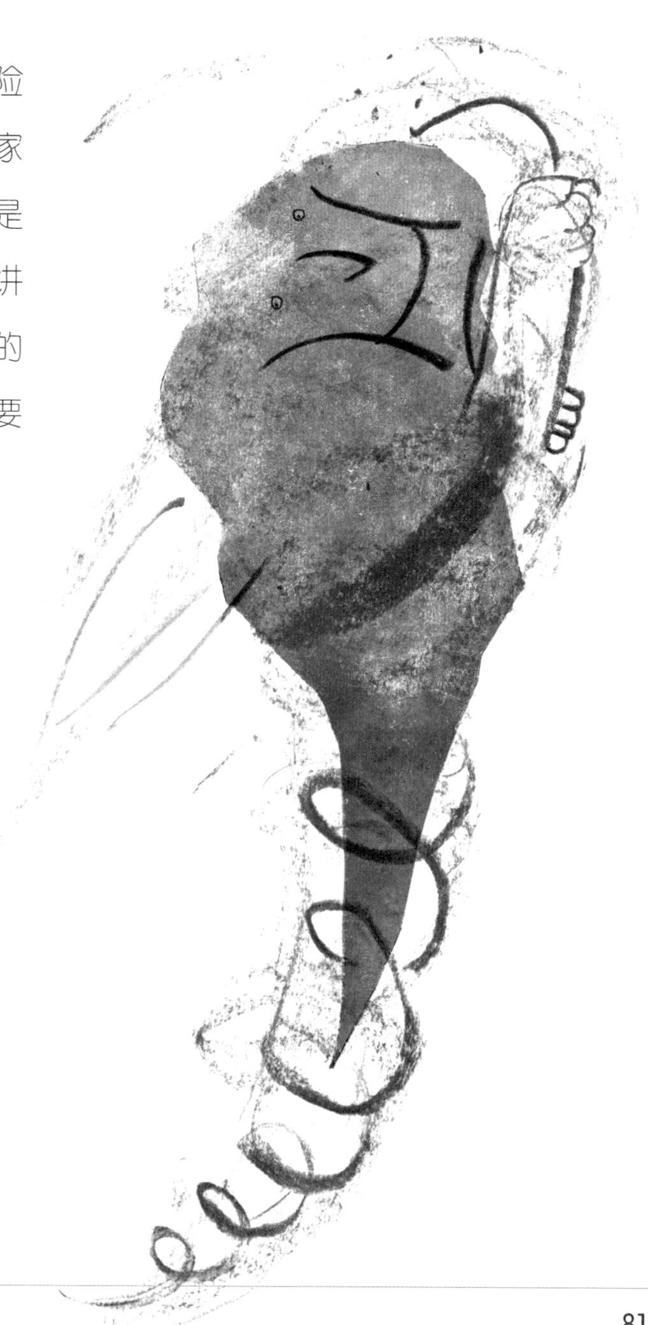

风之队长——台风

好了，我们一起飞到高空看一下台风是从哪里进入朝鲜半岛的。

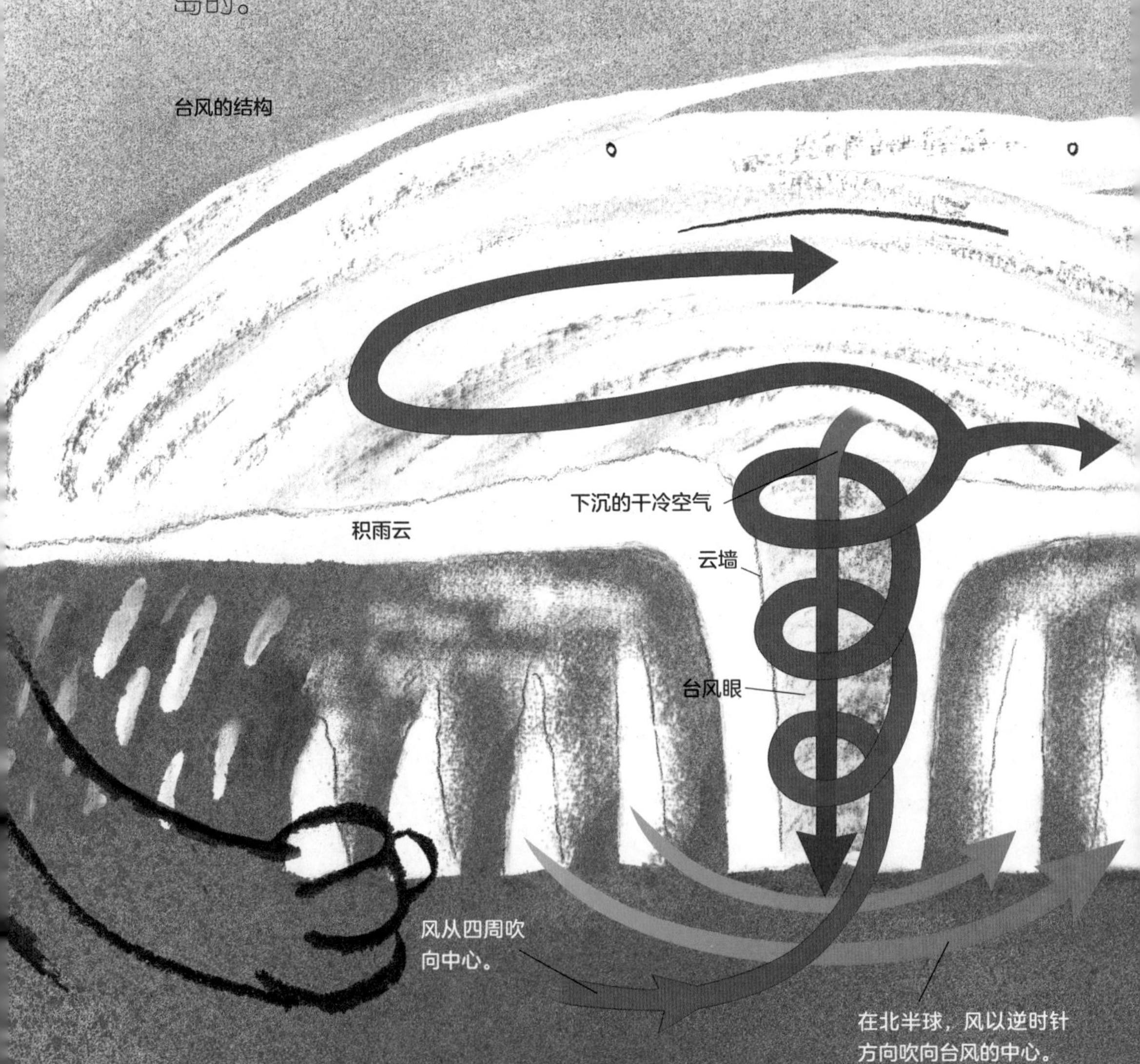

大家看那里！朝鲜半岛南部地区上空有个巨大的旋涡。那个朋友就是台风，光看那块头就知道它肯定“来者不善”，希望它不会造成太大的损失……

台风体积庞大，几乎能覆盖整个朝鲜半岛，波及范围达数千千米。从某种意义上说，台风和龙卷风很相似，它们都是旋转着移动的风。

与龙卷风相比，台风的块头更大，力量也更大。台风肆虐时，常常会伴随着倾盆大雨。有时，台风会“咆哮愤怒”，天空电闪雷鸣，突降冰雹。在我们风中，台风是最野蛮、最可怕的。说实话，像我这样“弱不禁风”的风，实在不敢大言不惭地说台风是自己的朋友。在台风面前，我就像见了猫的老鼠一样，只能瑟瑟发抖。

台风是形成于北太平洋西部，风力达 12 级或以上，吹向亚洲等地区的热带气旋。

台风的家乡是北太平洋西部温暖的热带海洋。那里有充足的热量和水蒸气，一旦气压下降，便很有可能会形成台风。气压降低后，周围的空气大量涌入，在聚集空气上升的过程中便会形成快速旋转的大风。其实，台风并不是从一开始就体积庞大、威力无穷的。大部分情况下，台风现身后没有具备太大的威力就消失了。不过，也有一部分台风因为不断吸取温暖海洋的热量，逐渐增强，最后就会形成直径达数百千米的巨型台风。

台风在海上形成，又在海上消失，这种情况并无大碍。不过，有的台风块头会越来越大，还会猛烈旋转着移动。通常，台风会在北太平洋西部形成，向着亚洲东部地区移动，移动时速达 30~40 千米。这种台风一旦登陆，树木会被连根拔起，建筑和道路也会被损毁。台风如果裹挟着暴雨而来，还会引发洪水，严重的还会造成人员伤亡。

台风的持续时间长可达 1 个月，短则数天，会给人们带来严重的损失。龙卷风通常在一个小范围区域造成集中损害，几分钟后就会消失；台风波及的范围更广，持续的时间更长，造成的损失更严重。

每年的夏秋两季，台风会造访朝鲜半岛几次。那时大家见到的台风，就是形成于北太平洋的热带气旋。这并不意味着所有的热带气旋都是在北太平洋形成的，其他大洋也会形成热带气旋，但因形成的源头不同，它们的名称也各不相同。

形成于北太平洋西部地区，向菲律宾、日本、韩国等地移动的热带气旋称为台风；形成于印度洋，向印度、巴基斯坦等地移动的热带气旋称为气旋性风暴；形成于加勒比海和大西洋、北太平洋东部，向美国东部地区移动的热带气旋称为飓风；形成于澳大利亚北部周边海域，向澳大利亚移动的热带气旋称为威利风。

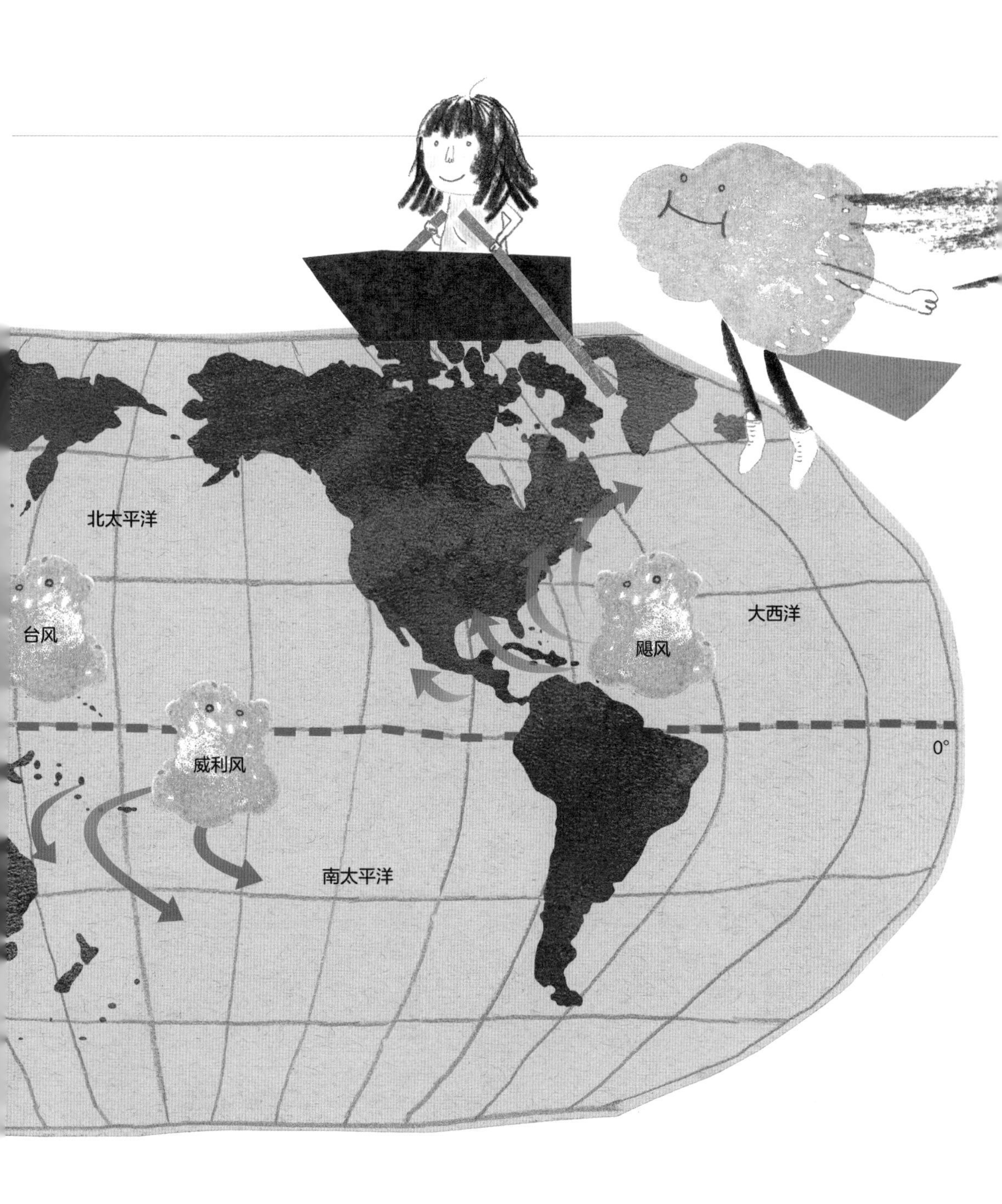
北太平洋
台风
大西洋
飓风
威利风
0°
南太平洋

台风是一个冷漠无情的破坏者。现实不像童话《绿野仙踪》里那种精彩的冒险故事，台风一旦到来，流连在山岭和溪谷里的风朋友们也束手无策，只能静等台风过去。

听说，最近的台风越来越猛烈，而且，台风将这个责任推到了人类的身上。这是为什么呢？台风越来越猛烈的原因和风的故乡——大气关系深远。下面，我先跟大家讲一下大气的情况。

越来越热的地球

前面跟大家讲过，大气就是围绕着地球的空气，大家还记得吗？这层大气发挥着非常重要的作用，那就是为地球“保温”。

在冬季，如果大家光着身体，随着身体热量流失，就会感觉很冷。衣服虽然不能阻挡所有要流走的热量，但能守住一部分热量。这样一来，衣服里面的空气会更温暖，所以穿着衣服比皮肤直接接触冷空气会更暖和一点。衣服不仅阻隔了外面的冷空气，还能暂时守住身体内散发出的热量，使身体保持温暖，大气也是一样的原理。

大气是为地球保温的“衣服”。

用玻璃围住的温室里比外面要暖和，因为玻璃守住了那些试图从温室里流走的热量，地球的大气和温室的玻璃有异曲同工之处。因此，科学家将大气为地球保温的现象称为温室效应。如果没有大气，便不会产生温室效应，那么白天地球在阳光的照射下会非常炎热，到了晚上，热量会全部流失到地球之外，整个地球会变得非常寒冷。

如果衣服穿太多会怎么样呢？那样，人体的热量散发不出去，会感觉很热。地球也在经历类似的情况。现在的大气圈正在发生变化，热量无法正常散发出去，地球变得越来越热，像这样地球平均气温不断升高的现象称为全球变暖。

全球变暖的原因

通常，大部分阳光会被地表吸收，使地球变暖。同时，地表也会将吸收的部分热量重新散发到大气圈外，使地球的平均气温保持恒定。不过，随着温室气体变多，部分本应该散发到大气圈外的热量又重新回到地表，所以，地球会变得越来越热。这就是全球变暖。

地球的大气圈由很多种气体构成。其中，二氧化碳、甲烷、臭氧等气体会阻止地球表面热量的散发。正是因为大气中存在这些气体，地球才能保温，也就形成了温室效应，这些能引起温室效应的气体统称为温室气体。

如果大气中的温室气体过多会怎么样呢？这些温室气体吸收并释放的热量增多，地球的平均气温就会升高。

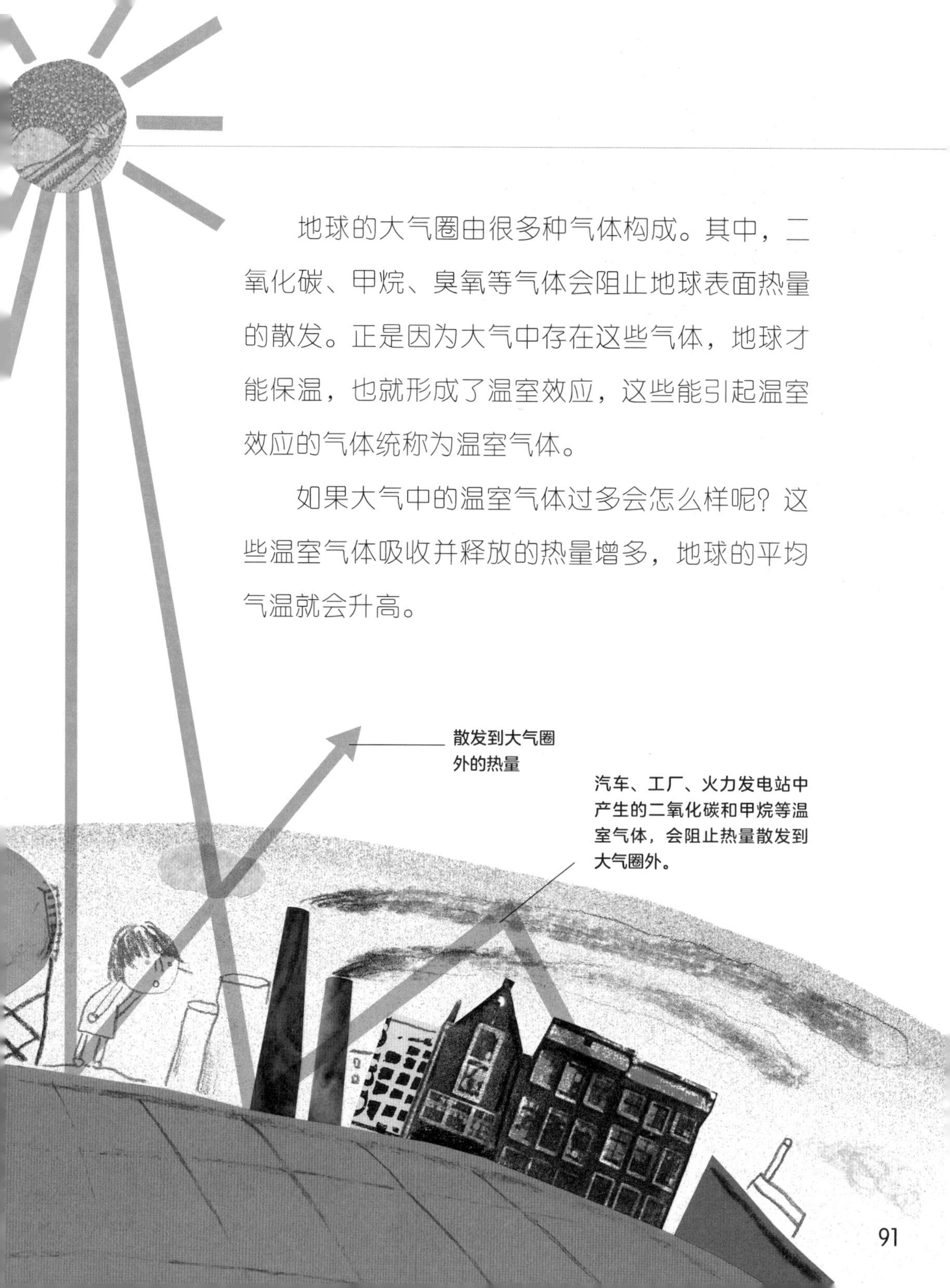

全球变暖是温室效应加剧导致全球平均气温逐渐升高的现象。

那大气中的温室气体为什么会越来越多呢？这是因为人类。虽然人在呼吸的时候也会产生二氧化碳，但量并不多。大气中的二氧化碳大都来源于物质的燃烧。为了获取能源，人类会燃烧煤炭或石油，产生大量的二氧化碳。大气中的甲烷主要来源于生物腐烂后产生的气体。告诉大家一个小秘密，人们放的屁中也有一些甲烷。

听说，像牛这样的家畜打嗝或放屁，都会造成全球变暖。几年前，新西兰政府试图向农民征收牛羊的打

极地的冰川逐渐融化。

赤道地区的沙漠面积越来越大。

动物濒临灭绝。

食物逐渐匮乏。

嗝税和放屁税。据称，这项举措旨在筹集全球变暖相关研究所需的经费，不过，这项税收政策最终没有实施。当时新西兰的人口约 500 万，而羊的数量达 2 600 多万头，牛的数量达 1 000 多万头。这些家畜产生的甲烷量非常惊人，这应该就是该想法被提出的原因吧。

地球变得越来越热，像是患上了“热病”。全球变暖引发了一系列问题，如极地冰川融化，海平面上升，岛屿逐渐被淹没等。同时，濒临灭绝的动植物种类也越来越多。有人肯定会问，地球身患“热病”和台风有什么关系啊？大家少安毋躁！我这就为大家解开谜团。

岛屿被水淹没。

愈加肆虐的大风

案例

2005 年 8 月，美国东南部海岸的新奥尔良遭遇了超级飓风卡特里娜。

飓风卡特里娜的块头庞大到可以覆盖整个朝鲜半岛，最大时速约 280 千米。该飓风风势迅猛，无数树木被连根拔起，汽车和房屋被严重损毁，它甚至还摧毁了堤坝，导致城市大面积被淹。

飓风卡特里娜导致 1 800 多人死亡，损失超 1 000 亿美元。

最近，像卡特里娜这样的飓风，也就是热带气旋在世界各地肆虐，造成了严重损失。

科学家认为，热带气旋逐渐猖獗，正是由于全球变暖。

由于全球变暖，海水的温度逐渐升高，热带气旋在海洋中会吸收更多热量和水蒸气，而且气旋在海上移动时，还会继续变大。到达陆地时，热带气旋变得超级猛烈，给人们带来严重损害。

受全球变暖影响，登陆朝鲜半岛的台风也越来越猖獗。2003 年 9 月，台风鸣蝉登陆朝鲜半岛，最高速度达到 60m/s。根据美国联合台风警报中心的划分标准，最高速度达 67m/s，即速度超过 241km/h 的台风被称为超强台风。鸣蝉虽然还达不到超强台风的标准，但造成的损失极大。科学家发出警告，总有一天朝鲜半岛也会遭遇超强台风。

为了获取所需的能源，为生活提供便捷，人们燃烧的煤炭和石油越来越多。长此以往，大气中的二氧化碳会越来越多，全球变暖的速度也会加快。在过去 100 年间，地球的平均气温升高了 0.7℃左右。专家预测，未来 100 年间，地球的平均气温将升高 1~3℃。平均气温一旦升高 3℃，那整个气候和生态系统都会发生变化。干旱、洪水等异常天气增多，酷暑、高温以及越来越猖獗的热带气旋会给人类带来严重损失。

那有没有办法缓解越来越狂暴的热带气旋呢？其实，办法很简单，只要防止全球变暖就行了。也就是减少引起全球变暖的二氧化碳和甲烷等温室气体的排放。这就需要人类控制欲望，减少不必要的消耗。这话是什么意思呢？大家认真听我说，因为这件事人人有责。

人们喜欢吃肉，为了吃肉，人们会圈养牛、羊和猪等家畜。这些家畜产生的甲烷会让地球变暖，风也会更加猛烈。大家以后可以适度减少肉类的消费，多吃谷物和蔬菜。家畜的数量减少，甲烷的排放量也会减少。这样一来，风也会更温柔。

此外，大家可以步行或者骑自行车去距离近的地方。远距离出行最好选择公交车、地铁等公共交通工具。这样可以减少私家车的使用频率，二氧化碳的排放也会减少。如此一来，碳排放减少，身体更加健康，可真是一举两得啊！

为了地球

远距离出行选择公共交通工具。

节约食物和物品也是减少温室气体排放的好办法。要生产学习用品、衣服、鞋子等物品，人类就需要建工厂，还需要消耗大量的电。发电需要燃烧煤炭或石油，这就会产生大量的二氧化碳。工厂里加工火腿、芝士等食品时，也需要运转机器，产生大量的二氧化碳。

植树造林能减少空气中的二氧化碳，因为植物能吸收二氧化碳，释放氧气。此外，人们还需要预防山火，一旦发生火灾，就会产生大量二氧化碳。

近距离出行选择骑自行车。

家里使用节能灯。

为了防止全球变暖，科学家正在研究新能源。如果利用太阳能，即便没有煤炭或石油，人们也能发电。此外，利用我们风或者地热也能发电。长期使用煤炭或石油来发电不仅会使资源枯竭，还会产生多种污染物。阳光、风、地热等可再生能源取之不尽，用之不竭，而且干净清洁。最近，植物燃料的研发正开展得如火如荼。植物燃料又称生物燃料，原材料就是大豆、玉米、甘蔗等植物。植物燃料排放的二氧化碳较少，也可以减缓地球变暖的速度。

适当少吃肉，减少家畜饲养量。

纸张回收利用。

拔掉不用的电器插头。

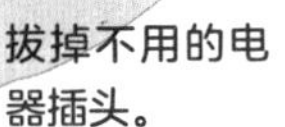

我们风是自然的一部分，和人类的生活息息相关。很久以前，人类的力量还不够强大，自然决定了人类的命运。随着人类的力量逐渐增强，人类活动对自然的影响越来越大。不过，这并不意味着人类可以随心所欲地对待自然。因为自然的力量很可怕，完全超出人类的想象。

现在大家应该都知道，人类破坏自然造成的危害会反过来让人类来承担。人类作为自然的一部分，一切活动都应该遵循自然规律。希望人和风能够和谐相处，这也是我身为风的小小的愿望。

关注气候变化
我爱你，地球
减少二氧化碳排放

结束语

这次旅行，大家感觉如何?

是不是都知道自己身边存在很多风朋友了?

没错，只要有空气流动的地方就有我们风的存在，大家要牢记哟!

经过这一场长途旅行，我有些累了。

看那边，龙卷风来了！我该重新变回百变科学博士了。

等变回百变科学博士，我要美美地睡一觉，**再见喽——**

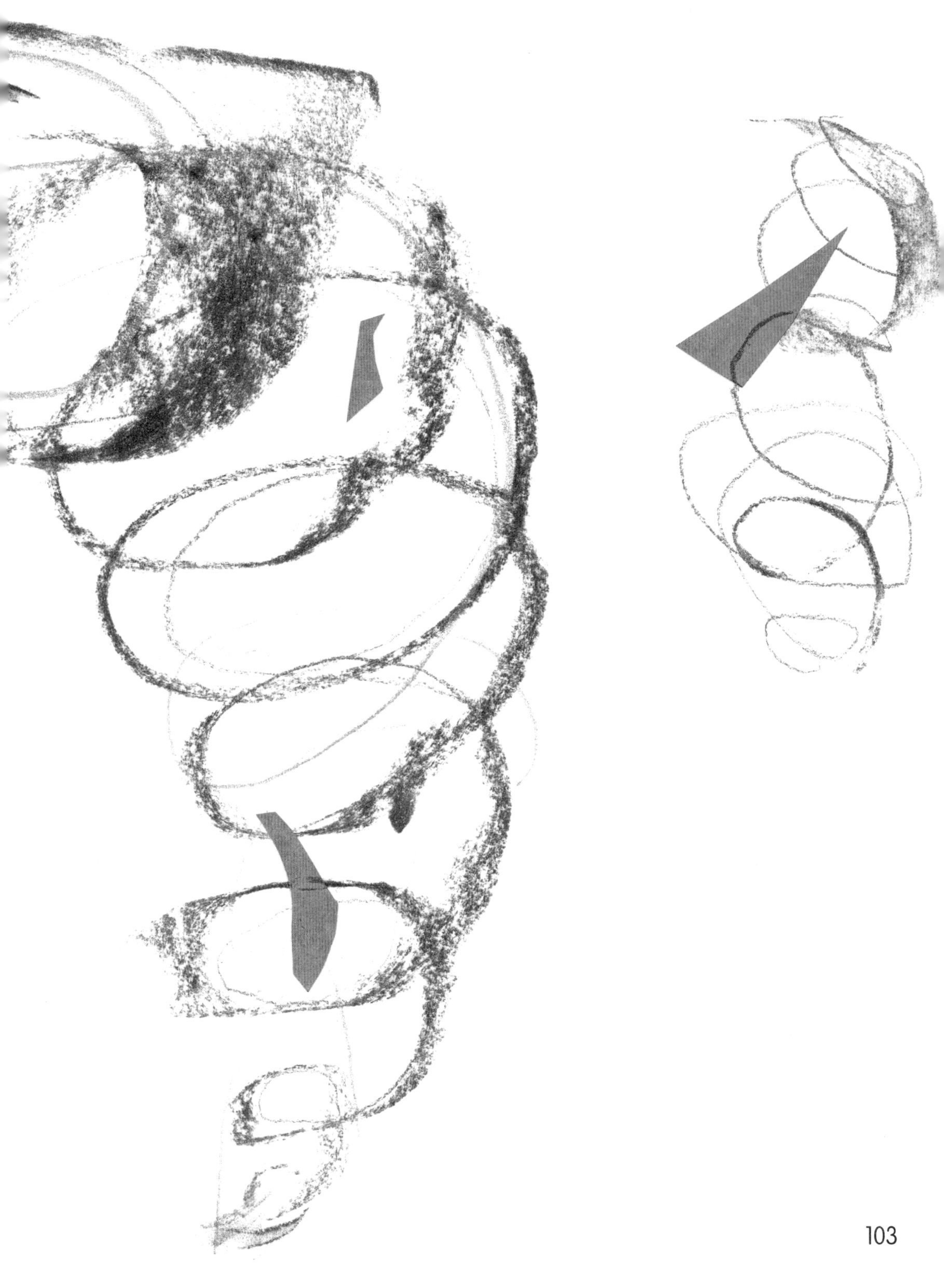

季风

季风是根据季节变换周期性改变风向的风，英文是 monsoon。季风形成的原因是大陆比海洋升温更快，降温也更快。在北半球的夏季，大陆比海洋更温暖。这时，大陆上的热空气上升，海洋上潮湿的东南风会吹向大陆。相反，在北半球的冬季，海洋比大陆更温暖。这时，海洋上的热空气上升，大陆上寒冷干燥的西北风会吹向海洋。

信风

从副热带高压吹向赤道地区的风称为信风。赤道地区的阳光非常强烈，这里的炙热空气总是升入高空。这些空气分别向北半球和南半球移动，并在纬度 30 度附近向地面下沉，再流向赤道。这时，北半球的风会向右偏移，南半球的风会向左偏移。在北半球，信风为东北风；在南半球，信风为东南风。过去人们会利用这种风向常年不变的信风，去世界各地进行航海贸易，所以信风又叫贸易风。

高气压和低气压

气压指大气的压力。标准大气条件下海平面的气压为 1 标准大气压。气压因大气状态不同而不同，地点不同，气压也各不相同。高于周围气压的称为高气压，低于周围气压的称为低气压。气压的单位为 Pa（帕），1 标准大气压约为 101 325Pa（帕）。

蒲福（1774—1857）

英国的一位海军军官，在海洋学和气象学方面取得了卓越成就。在蒲福生活的时代，所有的军舰都是乘风行驶的帆船，船上有巨大的船帆。蒲福根据军舰的行驶速度划分了风力等级，这个等级划分被称为蒲福风力等级表，它原本只用于海上航行，如今被广泛应用为表示风力的标准。

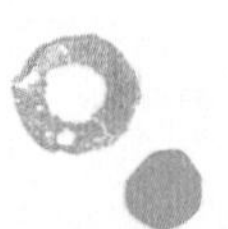

全球变暖

大气圈能守住地球散发的部分热量，为地球保持温度。构成大气的气体中，二氧化碳、甲烷等气体会让地球向大气圈外散发的热量重新返回地表。如果大气中的二氧化碳过多，返回地表的热量过多，地球的气温就会逐渐升高，这就是全球变暖。二氧化碳主要在工厂燃烧石油或煤炭时产生。

体感温度

体感温度指的是我们的身体感受到的冷暖程度转换成的同等温度。我们能感到寒冷，是因为热量从我们体内散发出去。气温越低，我们体内的热量散发得越多。而且，风越大，热量散发得越快。气温相同的情况下，风越大，我们身体会感觉越冷。体感温度会因为风力、湿度、日照强度等周边因素而有差异。

台风

台风是形成于北太平洋西部的巨大的热带气旋，呈螺旋状。台风中心的气压低，风从周围的高气压吹向中心位置的低气压，形成直径达数百千米的巨大旋涡，也就是台风。旋涡状的台风异常强烈，通常会带来巨大损失。

沙尘暴

沙尘暴是强风扬起沙尘而引发的灾害性天气。这个词也可以用来表示沙尘天气。沙尘暴通常在春季出现，许多国家备受其害。沙尘暴会扬撒大量沙尘，严重时甚至会吹过太平洋。

作者寄语

风是空气的流动、自然的呼吸。

人类生活在名为“自然”的大家庭里，其中，空气也是自然的一部分。

古话说：“生命在于运动。”空气永远在流动，像生命一样一刻也不停歇。空气的流动就是风，从这个角度来说，风也是有生命的。

在过去，人们将风当作神一样的存在。在神话中，神界有三位天神——风神、云神和雨神。如今，没有人再将风奉为神仙。不过，风依然威力无穷。风不仅能翻云覆雨，还能带来酷暑和严寒。风不仅能转动风车，还能让船前行。

当然，风带给人类的不只有帮助，还会摧毁房屋，掀起惊涛巨浪，打翻船只。风给人类带来了欢乐和悲伤。

读了这本书，大家会明白风是如何形成的、风能做哪些事，也会懂得人类一直以来是如何与风和谐共处的。最后，我还想拜托大家一件事：请不要停止对风的探索，一定要多去感受风的存在。

温暖的春日，湿润的微风从南方吹来；清晨，海风追逐着海浪的脚步拂面而来……我们能感受到风中夹杂的青草的清香，或是咸咸的海洋气息。这些都能使人恍然大悟：原来，风就是神秘的大自然的呼吸。

郑昌勋

讲给孩子的基础科学

电是怎样产生的？风是如何形成的？
我们的周围充满了各种神奇的秘密。
张开好奇心的翅膀，天马行空地去想象，
这是一件多么令人激动、令人神往的事情！
科学就起源于这令人愉悦的好奇心和想象力。
从现在起，百变科学博士将
变身为电子、风、遗传基因等各种各样的奇妙事物，
带您去探索身边的科学奥秘，
开启一趟充满趣味、惊险刺激的科学之旅！
来吧，让我们向着科学出发！

照片来源
* （株）Topic Photo Agency、ImageClick 公司